甜點 慢時光

42 Sweet Months : Em's monthly handmade desserts

把日子加點糖，
美好塔派、蛋糕、司康、輕點心與微酒精飲品

#暢銷修訂版

Emily 著

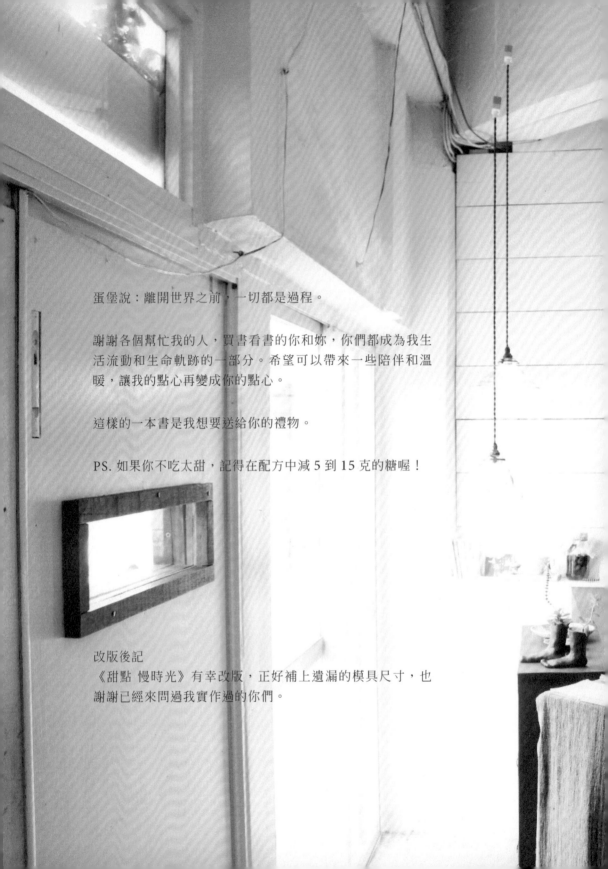

蛋堡說：離開世界之前，一切都是過程。

謝謝各個幫忙我的人，買書看書的你和妳，你們都成為我生活流動和生命軌跡的一部分。希望可以帶來一些陪伴和溫暖，讓我的點心再變成你的點心。

這樣的一本書是我想要送給你的禮物。

PS. 如果你不吃太甜，記得在配方中減 5 到 15 克的糖喔！

改版後記
《甜點 慢時光》有幸改版，正好補上遺漏的模具尺寸，也謝謝已經來問過我實作過的你們。

其實早已忘了在 Instagram 認識 emem（Emily）多久了，少說至少有兩年以上了吧！收到小米的推薦序邀請時，有些訝異，有些感動，卻也覺得理所當然。畢竟，某種程度上，我們幾乎是天天都看著對方的小事生活著，而這本書，是她在三十歲之前理應得到的人生禮物之一。

Emem 是個甜點做得極好，拍照極好，是個會讓人感覺有著燦笑的女孩兒。在她的 Instagram 裡，你總會看見她對於生活的態度和需要的色彩，因為始終還未見著，因此，在我腦海裡，她總以一個高挑甜姐兒的形式游走著，如同她手作的甜點一般，細緻美麗卻不甜膩。

隨著日子，你會發現，她時常出沒台中，有時駐足墾丁，偶爾會在台北各地；也和朋友們旅飛日本，和姐妹驅車旅行，偶爾也和她親愛的男子一起度日，有著讓人適切悠閒卻也不斷認真前進的畫面。

她說：「這本書是我自學甜點的 YOLO 過程。」

這讓我想起了自己自學料理的過程，一點一滴，從無到有，而她即將出版了我最不擅長的甜點。很開心，像是看著她一路到今天的姐姐般，希望也祝福她，人生的第一本書能不斷重版出來，畢竟這是一本即使你不會做甜點，也值得放在家賞心悅目的美麗食譜。

Joyce 鄭凱華

《灣岸餐桌》作者 ｜ http://kaihua94.pixnet.net/blog
Facebook 粉絲專頁 ｜ 廚房旅行日記

蛋　糖

麵粉

1.

很喜歡買餐布,最實用和最喜歡用的是帶點亞麻的白色或是洗舊感的樣式,像融入做甜點過程中的好朋友一般,現實生活中則是擦乾食器的好幫手。難得的藍白條紋,是為了搭配草地的野餐感;至於大片旅人蕉葉的那一塊布,則是搭配夏天買回家用用看,意外的很好配,還有種搖曳感。

2.

量匙、手持攪拌器、打蛋器、刮刀是做甜點的必備工具。

3.

琺瑯盤是個不怕摔又輕盈好攜帶的好夥伴,除了不能進微波爐以外想不到其它缺點,無論是野餐、露營,放鹹食、甜食,都是很棒的選擇!

4.

日本買回來的超不沾平底鍋,又輕又好用,清洗也容易。下次鐵定要買個經典巴黎鐵塔造型握柄的回來。食器或鍋具是生活必要的美好投資啊!
迪化街有家賣竹編織品的老店,裡面就有著許多台灣產的好貨,包括這些大大小小的鐵鍋。避開年貨大街的時候去大稻埕走走吧!

5.

草莓疊疊樂:直徑 12 公分、高 8 公分的活動蛋糕模,可烤兩個
蛋糕捲、布朗尼:28x25 公分深烤盤
檸檬塔:12 公分活動塔圈
柳橙蛋糕、生乳酪:16 公分活動蛋糕模
戚風蛋糕:8 吋

Contents

目錄

Contents
目錄

Jan.

廚房裡的春天

The season of strawberry

草莓與莓果們

草莓疊疊樂｜伯爵
草莓捲｜莓果卡士
達塔

一個淘氣的開始

草莓疊疊樂

Classic strawberry sponge cake

每隔一段時間會從台北來玩的朋友，是和我的身高不差半公分，睡在一起、吃在一起的大學好友，C。

出門玩都沒太特定行程或目標的我們，今年想去採草莓。可惜寒流發威、到處下雪，果實不敵寒害，產量大大減少，園主大多提早採收。人雖到了產地，但還是只能用買的，幸好園區還有些草莓農特產品可以品嚐，C當場喝了店鋪老闆一直招呼的草莓高粱之類酒精濃度很高的玩意，顯得很開心。酗酒怪的她一飲而盡，可能天冷當暖身吧！但你知道嗎，大學時期的她是號稱不怕冷、冬天也不需厚外套的女生呢！

看著路上風光，邊聊著不在彼此身邊發生的大小瑣事，開心的、難過的，常常被她碎唸我怎麼老是在煩惱一些不必要的事，例如這本書，某個晚上她就是在和平東路和敦化南路轉角上逼我執行的，但也還好有她在一旁鞭策，才成就今天這本記錄。身邊有積極行動派的朋友好處就像這樣吧，微小而不斷地突破自己的舒適圈。

買回家的草莓通常不能久放，那就來做疊疊樂的草莓蛋糕吧！全蛋打發的濕潤蛋糕體、鮮奶油和酸酸甜甜的草莓，組合起來有種吸引人的可愛，就當作是與開始閱讀的你打一聲招呼囉！

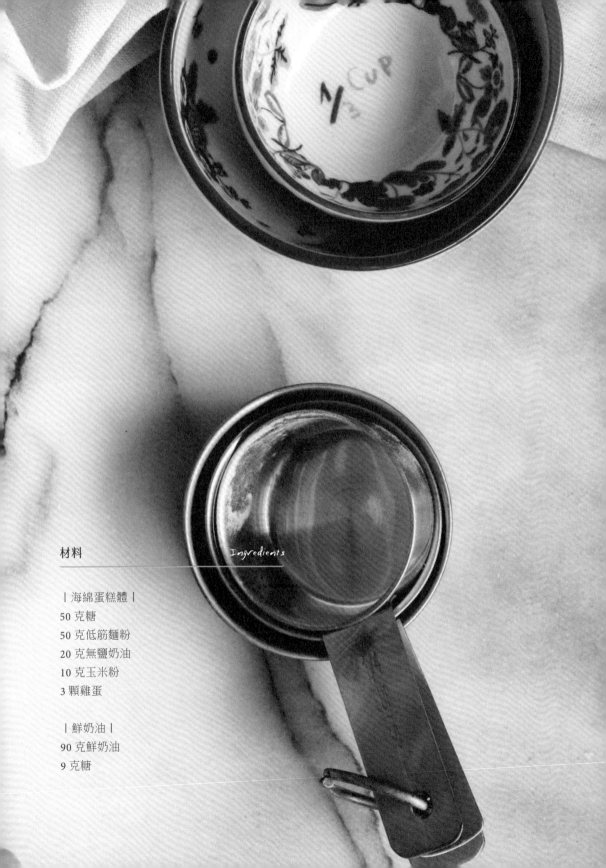

材料

Ingredients

| 海綿蛋糕體 |
50 克糖
50 克低筋麵粉
20 克無鹽奶油
10 克玉米粉
3 顆雞蛋

| 鮮奶油 |
90 克鮮奶油
9 克糖

步驟 *Step*

STEP 01

無鹽奶油加熱融化放一旁,準備一個比打雞蛋的鋼盆還大的容器,加水,開小火燒熱約 50 至 60 度。如果沒有溫度計,小火燒水後鍋子內側邊緣開始附著小水泡就是了。

STEP 02

雞蛋和糖打散均勻後,放進熱水盆中隔水高速打發,若熱水溫度太高,可選擇關火或是從盆中拿出,但要小心外面的鋼盆其實會燙手的。

> TIP 熱水盆一定要比原本的鋼盆大,若使用較小的容器當底,可能會使蛋盆邊緣的溫度過高,蛋容易熟在邊緣,會很難洗,過來人我刷過兩次(苦笑)

STEP 03

打到蛋糊滴下不會立刻消失就可以了。分兩三次篩入麵粉,要輕輕的將麵粉拌入蛋糊中,再加下一次粉。

STEP 04

確認麵粉和蛋糊均勻混和後加入融化奶油,拌勻,倒入模具。預熱 170 度的烤箱,烤約 30 分鐘,出爐倒扣放涼。

STEP 05

等待蛋糕體放涼的時間,來打香緹鮮奶油
(Creme Chantilly)。香緹是鮮奶油加糖打
發,鮮奶油和糖的比例是 10:1,如果是鮮奶
油愛好者,可以換算比例增加。

STEP 06

打到滑順,不太流動後,放進冰箱冷藏待用。

TIP 你可以選擇用電動攪拌器或手打。想訓練手臂
的話非常推薦用手打,先運動一下比較沒罪惡
感嘛!

STEP 07

扣出蛋糕體,拿把好用的麵包刀把蛋糕放倒
再切成三等份,準備組裝。

STEP 08

草莓洗好擦乾切片,排一些在蛋糕上,隨意
抹上鮮奶油,蓋上蛋糕再接下去完成二層、
三層。感覺春天好像要來了呢,準備跟冷冷
的冬天說一聲明年見吧!

少女心，電波發射

伯爵草莓捲
Earl grey cake roll

最喜歡的水果是櫻桃，但看到櫻桃往往只是內心無限澎湃，外表頂多抿嘴微笑，彷彿這樣才能搭配櫻桃散發出來的貴族優雅氣息。唯獨草莓才是會讓我瘋狂尖叫的一種水果。

看到長得極好極豔紅的一顆顆草莓們，唾液總忍不住分泌，不是很大的眼睛好像也發出愛心光芒，不停嚷嚷很想吃、我要買的訊號。在草莓面前我想沒有人不是少女，連八十幾歲的阿嬤看見草莓也是笑呵呵的，只是沒有我浮誇。

出名的草莓產地——苗栗大湖，從家裡出發只要一小時。每逢草莓產季，全家人總是要去很多趟，不管有沒有下田裡採摘。大湖附近的山路也很舒服，群山圍繞，是媽媽很喜歡的車遊路線。冬日山上，空氣乾乾爽爽的，採完草莓也很適合四處走走看看風景。

朋友前往馬爾地夫旁小島工作前也去大湖採了新鮮草莓，宅配送來時我又驚又喜。貼心的她跟老闆借了隻筆在宅配盒子上寫了一些話，我把寫字的那一部分的紙盒子剪下來貼在冰箱上，希望她在那片乾淨美麗的海洋邊一切都好，都順利。

順手洗了些草莓，窩在沙發上吃著，想到今年居然還沒吃到草莓捲，不如來做一個吧！用戚風的蛋糕體當捲。戚風蛋糕是個什麼都搭的萬用好幫手，就算你沒有戚風烤模也行，深烤盤一樣是六顆蛋的配方。

材料 _____ *Ingredients*

| 戚風蛋糕體 |
110 克糖（70 克打蛋白糊 / 40 克打蛋黃糊）
100 克低筋麵粉
60 克油
60 克水
6 顆雞蛋
2 包伯爵茶包

| 鮮奶油 |
100 克鮮奶油
10 克糖

步驟 *Step*

STEP 01

蛋黃和糖攪拌到乳化變白後,加水和油,再分次加入過篩麵粉、茶包裡的細碎茶葉。

STEP 02

蛋白分兩三次加糖打發,打到蛋白硬挺,攪拌器拿起來蛋白尖尖不垂或微微一點點彎勾的狀態。

STEP 03

挖約 1/3 蛋白到蛋黃糊,混和均勻後再全部倒回打發好的蛋白,拌到看不到隱藏在蛋黃糊裡的蛋白就快快停手,不要用太大的力氣以免消泡。

STEP 04

倒入鋪好烤焙紙的方形烤盤,160 度烤 40 到 45 分鐘。

STEP 05

再準備另一張烤焙紙,出爐後倒扣在紙上放涼,將原本進去一起烤的紙撕掉。

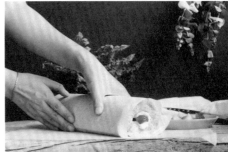

STEP 06

利用放涼的時間來打鮮奶油,把糖加入鮮奶油中,用高速打發到滑順,在鍋中不太流動即可。

STEP 07

抹上鮮奶油,但靠近自己的 1/3 不要塗,然後放上切片草莓。如果喜歡大口咬下飽滿草莓就一顆接著一顆排放。

STEP 08

包著紙,一股作氣向前捲。

STEP 09

包好後將左右邊封口綁起來,滾一滾,冷藏約 3 小時定型。拿出來將兩邊切掉,擠上胖胖圓圓的鮮奶油和草莓裝飾就大功告成啦!

我很喜歡吃塔，各種季節也都適合吃塔。

春暖花開的時候，帶上野餐墊。冰箱有幾天前新鮮採摘的草莓，出門路上看到飽滿的智利藍莓，也順手買了一盒，然後想，就是他了吧，莓果卡士達塔。

一個人吃不完一個塔，所以做塔的時候腦中會想到很多人，想起住在海邊的日子，早起幫朋友準備早餐、擦拭洗好的餐具、玩玩貓，再到工作室放音樂發發懶。多好的藉口！再約朋友出來順便吃吃喝喝。

塔皮配方千百萬種，其實我每次做都不太一樣，突然想做塔皮的時候家裡材料很容易不齊，試過不加牛奶的、只加蛋黃的、中筋麵粉用完拿低筋來用，或是中筋低筋各一半的，都很酥香、很好吃。我想，只要材料好，按照既定的工序，帶著開心愉快的心情烤，一定都會很棒吧！

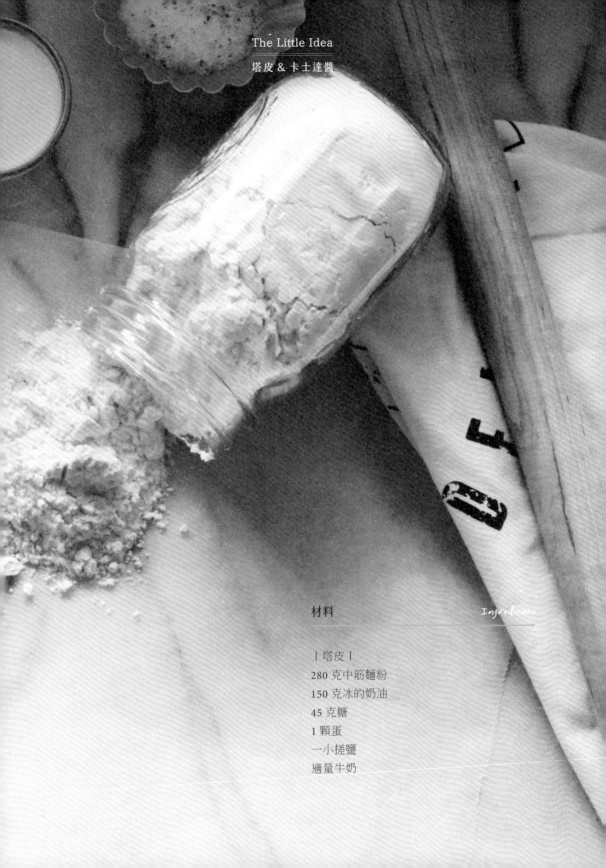

The Little Idea

塔皮 & 卡士達醬

材料　　　　　　　　　　　　　　　　　*Ingredients*

| 塔皮 |
280 克中筋麵粉
150 克冰的奶油
45 克糖
1 顆蛋
一小搓鹽
適量牛奶

步驟   *Step*

STEP 01

冰奶油事先切塊，一塊塊放在混和好的麵粉、糖和鹽巴上。用手指頭輕輕搓揉至沙狀，細細鬆鬆的應該是不沾手的狀態。

STEP 02

在中間挖一個小洞，打顆蛋，做塔皮的過程中我最喜歡這個部分，飽滿蛋黃在中間像溫馴的火山，沒來由地認為是很幸福的畫面。

STEP 03

手指頭將蛋黃戳破，攪動混和蛋白，再慢慢加入旁邊的麵粉奶油。

> TIP 若太乾無法成團的話可以適量加些牛奶，但水份千萬不要多，才能保有塔皮酥脆的口感。相反的，如果太濕適時加些麵粉調整就好。

STEP 04

揉成團之後用保鮮膜包覆，進冰箱冷藏鬆弛，最少 1 小時。冷藏能讓麵粉裡的筋度休息鬆弛，送進高溫烤箱烘烤時才能避免收縮變形。

STEP 05

取出麵團稍稍退冰，原本的保鮮膜鋪在工作檯面上，灑一些麵粉，桿麵棍也抹上一些防沾粘。

STEP 06

撕張保鮮膜平鋪在底下，把麵團桿開，覆蓋塔模上方。用桿麵棍滾過，幫忙去除多餘塔皮，實實的將塔皮壓入模具中。

> TIP 也可以再撕張保鮮膜覆蓋麵團後桿開，表面會比較平順。

STEP 07

平均地幫塔皮戳洞，避免高溫烘烤塔皮整個膨脹。通常這個時候塔皮已回到室溫，所以我會再把塔皮冰進冰箱至少半小時。

STEP 08

墊上烤焙紙，填入烤石壓住塔皮。預熱180度的烤箱烤15分鐘，取出烤焙紙和烤石後再用同樣溫度烤10到15分鐘，讓塔皮上色出爐，連同烤模一起放涼。熱的時候脫模可能會讓塔皮破損，放涼取出也比較不燙手嘛！

> TIP 如果沒有烤石，可以用米、綠豆、紅豆，但烘烤過就不能再食用，繼續當烤石是可以的。

材料 *Ingredients*

｜卡士達醬｜
250 克牛奶
半條香草莢
3 顆蛋黃
60 克砂糖
10 克低筋麵粉
15 克玉米粉

TIP 將事先做好的塔皮拿出來稍微退冰，再來做滿滿香草籽的卡士達醬。卡士達醬可以多做一些當常備用醬。

步驟 *Step*

STEP 01

準備一只鍋子，將香草夾剖開，刮出香草籽，再將挖完香草籽的豆莢連同牛奶一起加熱煮滾。鍋邊開始冒泡泡後熄火靜置，讓香草香氣能好好地滲透到牛奶中。

STEP 02

趁靜置牛奶的時間，將蛋黃攪拌開後倒入砂糖混和。

STEP 03

麵粉連同玉米粉過篩，一起加入拌好的蛋黃
裡，把靜置一旁的牛奶也倒入混和，整個動
作需要邊攪拌邊進行。

STEP 04

全部倒回鍋中回爐火上以中小火加熱，不停
地快速攪拌。小心結塊，若不小心結成小塊
狀，鍋子離火再拌勻至看不見一坨一坨。

TIP 刮出香草籽時如果有一同刮出些許組織，倒回
鍋中時可以過篩濾掉。

STEP 05

變濃稠即可關火，倒入容器中鋪平，撕一張
保鮮膜服貼在卡士達醬上，冷藏 1 至 2 小時
便可使用。

TIP 貼上保鮮膜時，如果有空氣一定要擠出。

STEP 06

倒入烤好的塔中，一群女生一起，說著這樣
那樣擺放，然後就成了那天下午我們喜歡的
模樣。

Feb.
苦甜交響曲
Love & Chocolate

巧克力

巧克力愛心杯子蛋糕 |
胡桃巧克力布朗尼 | 巧
克力杏仁榛果蛋糕

巧克力愛心杯子蛋糕

Sweet heart chocolate cupcakes

二月早晨的某一天，突然發現情人節快要到了。

去年情人節在幹嘛，還真的想不太起來，畢竟兩人都不是會訂位吃燭光晚餐的那種類型，倒不如一起出門走走、說說話還比較適合。寫到這裡突然想起，去年的西洋情人節男子還在遙遠的俄羅斯念書，根本沒有陪我過節，難怪我真的一丁點都記不起來呀。

既然今年都已經回來了，那就祕密地做點什麼當驚喜吧！

/

一直以來內藏愛心的作法都被我應用在磅蛋糕上，但磅蛋糕在情人節顯得不那麼可愛親人，所以參考了一些國外糕點，把他變成杯子蛋糕，做的同時自己也驚呼連連，太可愛了這些小玩意兒。讀到這裡的你也不要吝嗇，快來動手驚艷你的愛人吧！

材料   *Ingredients*

｜愛心蛋糕體｜

120 克糖

70 克低筋麵粉

60 克優格

40 克植物油

2 克泡打粉

1 顆雞蛋

一小撮鹽

適量食用紅色色素

| 巧克力蛋糕體 |

140 克糖

60 克優格

50 克低筋麵粉

40 克植物油

20 克無糖可可粉

2 克泡打粉

1 顆雞蛋

一小撮鹽

| 奶油乳酪霜 |

150 克糖

100 克 cream cheese

95 克無鹽奶油

步驟 *Step*

STEP 01

將乾料（麵粉、泡打粉、鹽）過篩混和。

STEP 02

雞蛋打散後，加入糖和油攪拌均勻。分兩三次加入乾料中，最後加入優格。拌均勻後加一點紅色色素讓麵糊看起來呈現漂亮的粉紅色。

STEP 03

進烤箱以 170 度烤約 15 分鐘，用牙籤插入蛋糕體不沾麵糊就可以出爐。放涼後用模具壓出愛心形狀。

STEP 04

巧克力蛋糕體和愛心蛋糕體作法相同，可可粉也要事先和乾料一起過篩。

STEP 05

巧克力麵糊倒入杯中約五六分滿，太多會炸出來，一半最剛好。

STEP 06

中間放入切好的愛心。

> TIP　要注意全部的愛心都要朝著同一個方向放下去，以免愛心在烤出來後被巧克力覆蓋，切不好會變裂成兩瓣的心，真的會僵到笑不出來。

STEP 07

用同樣的烤溫，烤約 10 到 13 分鐘，出爐後放涼，切記也要同一個方向放。放涼的同時來準備乳酪奶油霜。

STEP 08

室溫的無鹽奶油和 cream cheese 一起放入鋼盆中，以中高速攪打到蓬鬆。分三、四次加入糖粉，確認糖粉打勻了再加下一次，全部混和均勻後裝進擠花袋。

> TIP　可以用手搓搓看，如果可以明顯摸到糖粉顆粒就再繼續攪打。

STEP 09

將奶油乳酪霜擠在杯子蛋糕上做裝飾，記得要做記號標示切開的方向。

> TIP　用愛心巧克力做標記，從兩個愛心中間切開就會有漂亮驚喜的心型啦！

胡桃巧克力布朗尼
Crunchy nut brownie

從小就不怎麼愛吃巧克力，最喜歡的大概是金莎、七七，再來就是挖一大球香草冰淇淋配熱呼呼布朗尼了！唸書的時候總覺得能在 FRIDAYS 餐廳吃一份這個當點心，是非常厲害非常幸福的事啊！

想念彼時容易滿足的自己，就來動手做一份。放了胡桃的巧克力布朗尼，除了增加口感，也多了一些烘烤過的堅果香氣。表皮香脆而裡頭濕潤，等待烘烤的時候就泡壺熱茶，靜靜享受這份悠閒。方方的布朗尼也很適合當作療癒禮物，疊起來再綁一綁送朋友，相信收到的人心頭絕對和吃下這布朗尼一樣，暖暖的。

Diary.
04

材料　　　　　　　　　　　*Ingredients*

200 克黑巧克力
200 克麵粉
180 克糖
180 克無鹽奶油
120 克堅果
4 顆雞蛋

TIP 這個份量是做給大家開心享用的,所以有點
多,如果不想吃那麼多再等比減量哦!

步驟　　　　　　　　　　　*Step*

STEP 01

預熱 180 度的烤箱,烘烤堅果約 10 到 12 分鐘。
烤過的堅果香得誘人,絕對可以偷吃幾個再
來準備麵糊。

TIP 看手邊有什麼種類的堅果都可以用,松子、杏
仁、核桃或綜合果仁,只要無調味過的都可以。

STEP 02

黑巧克力和奶油隔水加熱到融化,用木杓輕
輕拌勻。

STEP 03

加入砂糖、蛋、最後是麵粉,隨心所欲的攪
拌均勻。糖的部分我用細砂,也可以用二砂
或紅糖代替。

> TIP 布朗尼很粗獷不怕沒過篩,也不怕攪拌太大
> 力,你就帥氣一點吧!

STEP 04

最後拌入胡桃。我承認這樣看不太美味,但
其實過程很香,是濃厚的巧克力和堅果的大
自然味。

STEP 05

全部拌勻後倒入塗上奶油的深烤盤,可以先
在奶油上方灑一些糖。進烤箱烤約 25 分鐘,
上火 190 度,下火 180 度,時間到拿牙籤戳
一下,不沾麵糊就可以出爐,倒扣取出後簡
單切成小小正方形。

巧克力杏仁榛果蛋糕

Molten chocolate cake

這應該是有史以來我自己最喜歡的巧克力蛋糕了！

以往做的巧克力甜食都是妹妹許願點單，她是個內心藏著各式各樣巧克力靈魂的孩子。按照她的願望做出來的巧克力製品，我通常都只會吃那麼一兩口，內心浮現「啊，就是巧克力呀！」接著就全部包裝給她，看她幸福地一口一口吃掉，有時邊吃還邊笑著說太美味了，我好怕現在就把他吃光那明天怎麼辦。

幸好蛋糕的配方實在太多種，滿足求新求變的妹妹，這次想做做看沒有麵粉的巧克力蛋糕。

/

沒有麵粉聽起來很妙對吧？看了一下食譜，只用了少許杏仁粉來代替，不知道會是什麼味道呢？想起之前做過榛果巧克力棒，太完美的好吃，再翻翻手邊的材料，立刻決定把杏仁粉偷換一半榛果粉！

主角是瑞士 80％的苦巧克力，終於能派上用場，一直很怕用不完。趁冷氣團來的冷冷冬天做一個，適合與家人們分食，是有點酒香，帶有苦苦巧克力味的大人味道。冰進冰箱又是另一種口感。

PS. 榛果粉實在不便宜，如果用不完一包就不要買了，都用杏仁粉也很好吃，只是我私心想放一點榛果進去。

材料 *Ingredients*

| 無麵粉巧克力蛋糕 |
200 克苦巧克力
190 克砂糖（120 克巧克力用 / 70 克蛋白用）
125 克葡萄籽油
15 克杏仁粉
15 克榛果粉
5 顆雞蛋

TIP 這個大小適合七、八個人吃，如果人數沒那麼
多，記得把材料的份量減一半哦！另外如果是
減一半食譜份量的話，蛋可以用三顆，不然兩
顆半好難處理（笑）

| 裝飾用鮮奶油 |
100 克鮮奶油
10 克糖
2 克蘭姆酒

步驟   *Step*

STEP 01

把巧克力掰成小塊小塊，隔水加熱融化。分次緩慢倒入油脂，均勻攪拌混和後，再加下一次。

STEP 02

趁還熱熱的時候分次加入砂糖攪拌至融化，如果巧克力有點凝固就再開小火隔水加熱，糖都均勻融化後拿出鍋子降溫。

STEP 03

蛋黃打散，倒入巧克力，混和後再加入杏仁粉和榛果粉，拌勻後就來打蛋白吧！

STEP 04

盆中蛋白分三次加入糖，用高速打發到打蛋器末端微微下垂即可。

> TIP　蛋白的調理盆千萬不能有任何一滴水，前功盡棄之外還浪費蛋白，放入蛋白前拿塊乾布確認一下吧！

STEP 05

挖 1/3 打發的蛋白到巧克力蛋黃糊中，用切拌的方式混和。這個步驟是為了讓巧克力蛋黃糊質地更柔軟些，也更接近蛋白。拌好後再倒入蛋白中，同樣以切拌的方式處理，要快速但輕輕柔柔。

STEP 06

混和均勻後倒入鋪好烤焙紙的烤模，170 度烤約 20 至 25 分鐘。20 分鐘到可以先拿竹籤插進蛋糕體再取出看看，如果只有一點點蛋糕糊沾粘，就可以出爐。放約 5 到 10 分鐘再脫模。

TIP 竹籤取出若蛋糕糊很濕黏，就再繼續烤幾分鐘試試。

STEP 07

鮮奶油加入砂糖，用打蛋器打發。拿起鋼盆可以看到鮮奶油緩緩的流動時加入蘭姆酒，再繼續攪拌一下。

STEP 08

蛋糕體涼了之後疊上有微微酒香的鮮奶油。洗好擦乾的櫻桃擺上，如果有糖粉也可以灑一些上去，看起來會更有冬意。

Mar.
童年之味
Once Upon A Time

橘子 & 柳橙

柳橙芭芭露亞｜橙香小
塔｜反轉柳橙蛋糕

柳橙芭芭露亞
Tangerine bavarian

芭芭露亞（Bavarian cream）是在買了一陣子的食譜書中看到的，因為名字可愛而被吸引，是巴伐利亞來的甜點，德國東南方，我很喜歡的慕尼黑就是他的首府。

那年從巴黎和朋友道別後，自己一人來到慕尼黑，沒有點啤酒和豬腳，在沒有智慧型手機的年代拿著機場索取的觀光地圖，幾乎是全程步行走訪，除了去奧林匹克競技場旁的汽車工業博物館搭了地鐵。留學生總是很窮，甚至連旅館也大意的少訂一天，不巧那幾天正好逢足球賽事，全城滿房，青年旅舍的阿姨好不容易找到對街的一間，看著非常華麗，可是卻要我原本單人房房價六倍！硬著頭皮打電話回家，還好媽媽念兩句就說快去訂，流落街頭怎麼辦！差點抱著行李在市區街道上痛哭，這真的是我最鮮明的慕尼黑記憶了。

/

溫潤的芭芭露亞口感接近綿密慕斯，杯子邊緣有柳橙切片，像當時幫忙我找容身處的青旅阿姨，圓滾滾又親切。當下再大的大事，回憶的時候都只是小事了。

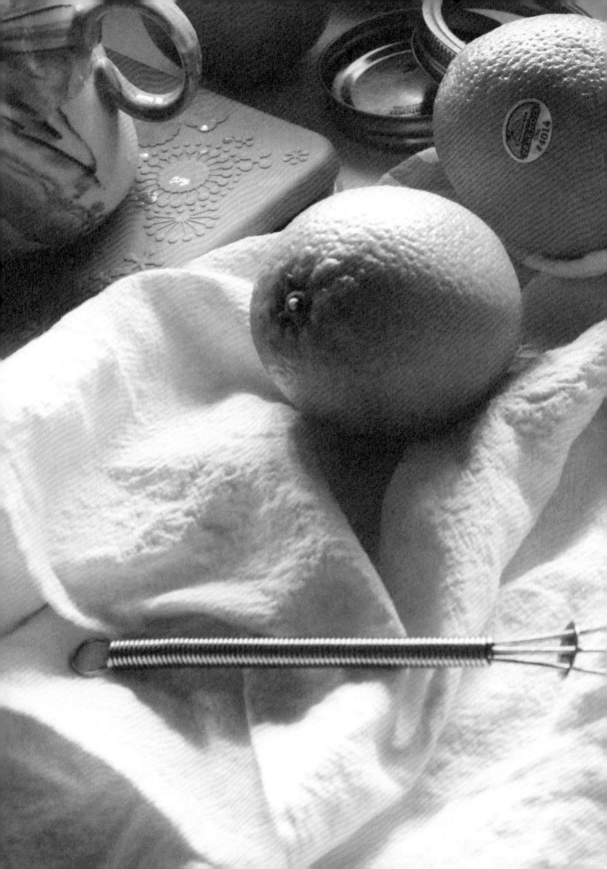

材料   *Ingredients*

100 克牛奶
100 克鮮奶油
20 克砂糖
10 克君度橙酒
2 克吉利丁粉
2 顆蛋黃
1 顆柳橙

步驟　　　　　　　　　　　*Step*

STEP 01

將蛋黃和砂糖用打蛋器均勻攪散,加入牛奶,放入小瓷碗中進微波爐,用 650w 加熱 1 分鐘,拿出攪拌避免蛋結塊,再放進加熱 30 秒。

STEP 02

吉利丁粉兌一些水,膨脹後加入蛋黃糊中,趁熱攪拌均勻至融化。

STEP 03

蛋黃糊過篩到料理盆中,底下墊一個淺盤放冰塊讓蛋黃糊冷卻,攪拌到微微濃稠狀,加入君度橙酒混和後靜置一旁。

STEP 04

用另一個碗打發鮮奶油,約六、七分發。倒入已經有點濃稠的蛋黃糊中,輕輕攪拌到質地均勻,就可以倒入杯中冷藏定型。

第一次打開我的青農朋友——猛男農夫和小農女他們寄來的箱子，二十幾顆各自套袋圓滾滾胖嘟嘟的漂亮橙色橘子，飽滿相貌沒有太大的斑點傷痕，還有沉甸甸充滿水份的手感。雖說不是走有機路線，但小農可是花了很多功夫在研究減少農藥用量跟安全採收，目標是安全農業。這些樣貌非凡的橘子們賣相太好了吧！真的有減少農藥嗎？

抵擋不住貪吃的心，我一口氣吃掉了一顆，一瓣接著一瓣。是真的非常好吃，也沒有乾乾無水份的邊角，當下又訂了幾箱要送給家人。後來事情越滾越大，家人們試吃過後也想訂購，怕運費太貴，乾脆跑一趟，自己當起搬運工！

台中東勢明正里，橘子的一級產區。

會先路過九二一隆起的馬路，再橫跨石崗水壩，行經彎彎曲曲的山路後，爬上一個高高小山坡就會到猛男家。

猛男的媽媽坐在客廳被一籃籃的橘子包圍，手和眼睛快速動作著，幫大小顆橘子分類套袋，再把不好的挑進另一個籃子。「原來真的有醜一點的橘子耶！」當下心裡想。小農女領著我參觀，庭院裡有一個黑色帆布的角落，堆疊的籃子裡都是挑出來賣相不佳的醜橘子。農女說他們可能是不小心多曬了點太陽或是被昆蟲咬了幾口，便會被收在這裡留著自己家人吃。

一開始還陰險地想怎麼會沒有醜橘子，原諒我。看起來不可口的好橘子，與其榨汁或做果醬，不如剝了皮拿來做甜點，絕對適合的。

材料 *Ingredients*

| 馬斯卡朋醬 |

50 克馬斯卡朋起司

15-20 克鮮奶油

3 克細糖粉

橘子皮屑

TIP 當下剛好有柳丁皮屑，就拿來用吧沒關係。

步驟 *Step*

每個牌子馬斯卡朋起司可能濕度有點不同，慢慢倒入鮮奶油攪拌，至質地滑順就好。組合一下塔皮、馬斯卡朋醬和剝瓣的橘子，完成。

TIP 等待烘烤塔皮有點無聊，如果想去掉橘子薄膜的話，拿食物剪刀剪掉橘子瓣上方最粗的那條橫向組織，再細心慢慢撥除。

藏在底部的驚喜

反轉柳橙蛋糕
Orange confite dessert

簡單收拾行李去香港的八月中，小米問我能不能做反轉蛋糕，她在日本的食譜書上看到，好美。

仔細想了想，我好像只做過反轉焦糖香蕉蛋糕。

好吃嗎？嗯，還不錯，但多吃幾塊便會感到膩。你知道的，本身味道明顯的香蕉，加上砂糖熬煮成的焦糖，在視覺與味覺上都沒有那麼討喜。

還沒想到個結論，我就出門去香港了。在香港的那幾天，就是巡過一間又一間喜歡的咖啡館、茶檔，偶爾排著觀光客吃的店家，點橙汁來喝。在首爾也是忽然犯了橙汁的癮，和姊妹去東大門批貨，乾冷深夜裡不停點現榨橙汁，一攤接一攤，結果被碎念到底多需要果汁。

回來就決定做柳橙口味的反轉蛋糕，原來是回家的味道。

/

像花一樣的反轉橙片蛋糕其實很簡單就能達成，是磅蛋糕的材料，鋪疊上事先微微蜜漬過橙片，烤的時候看不到底下變化，只好在烤箱前面來回走，時而搓搓手，時而盯著猛瞧（不過真的沒有幫助）。倒扣下來那刻看到黃橙橙的環狀柳橙片，眼睛都忍不住睜大發亮了呢！

材料　*Ingredients*

| 糖漬橙片 |
120 克糖粉
60 克水
1 顆柳橙

| 蛋糕體 |
100 克無鹽奶油
100 克低筋麵粉
50 克黑糖
30 克砂糖
15 克橙汁
4 克無鋁泡打粉
2 顆蛋
1 顆柳橙皮屑
少許新鮮迷迭香

TIP　沒有黑糖就用砂糖替代，橙汁不放也沒關係。

步驟   *Step*

STEP 01

將柳橙洗淨擦乾，切薄片，柳橙籽取出。

STEP 02

平底鍋內加入糖粉和水，用小火加熱。均勻
溶解後平均鋪入橙片，確保每一片都有好好
吸收糖漿。

STEP 03

保持小火滾煮一陣子後，橙片會開始出水，
糖漿也會比剛才濃稠。避免鍋底燒焦適時移
動一下他們吧！橙片變得軟軟的時候關火，
浸泡一陣子後從鍋中取出放置盤上待涼。

STEP 04

蛋糕模裡放上烤焙紙，底部跟外圍都要有喔！
挑一片最好看、形狀最完整的橙片平放在正
中間，其他依序圍成圈圈鋪底。

> TIP   我又多放了一片在中間上面，反正都切了嘛！

STEP 05

製作蛋糕體的麵糊。先將室溫奶油分次加入糖，用手持攪拌器打至柔軟蓬鬆狀。加入打散雞蛋，一次倒入一些確保材料均勻混和後才倒下一次的量。

STEP 06

過篩麵粉和泡打粉，用攪拌器的最低速混和乾粉。最後加入柳橙皮屑、柳橙汁與迷迭香葉。

> TIP 避免使用中高速，除了麵粉會飛濺出來外，也防止出筋。

STEP 07

麵糊鋪進烤模，輕敲出空氣。記得倒入麵糊時別太大力，不要破壞細心排好的橙片圈圈。

STEP 08

烤箱的上下火預熱 180 度，烤約 40 分鐘，拿牙籤戳進蛋糕體，取出不沾麵糊就可以出爐。先不脫模，讓蛋糕定型約十分鐘。倒扣在盤子上，再拿掉外圍和底部的烤焙紙。

Apr.
在路上
On The Road

蘋果

焦糖蘋果酥｜白色蘋
果酒凍｜自製蘋果奇
異果果醬

焦糖蘋果酥

Caramel apple crisp

早上醒來的時候發現空氣冷冷的，是鼻子最喜歡的觸感，這一天都會很清新吧！雖然很常到中午就會變熱。不過無所謂，日夜溫差大的此刻，日落時分又開始轉涼，就趁整天中溫度最適宜的時刻，做一些熱熱暖暖的焦糖蘋果酥吧！拿包紅茶茶包，沖進熱熱的滾水，茶香配上剛出爐的小酥皮們，香香脆脆地快咬上一口。

/

這裡用的是派皮，是不加蛋的版本。派皮、塔皮的做法多得不得了，就算現在我也常常感到眼花撩亂。自己可以區分出來的大概是派皮不加蛋，而塔皮有些加蛋，有些甚至只加蛋黃。這個派皮的配方很好塑形，不會太軟，如果要和孩子一起玩造型的話應該蠻不錯的。

煮焦糖醬的時候，總讓我想起小時候騎腳踏車的阿伯，在廟口畫的造型麥芽糖，就是那個古早味道，我很愛跟阿伯訂烏龜或長長翅膀的小鳥造型，帶回家給表姊吃。

也或許長大的還不夠，至今仍不喜歡肉桂這種大人味。如果你是喜歡肉桂的人，蘋果裡也可以拌一些肉桂粉或是荳蔻粉試試。

材料　　　　　　　　　　　　　*Ingredients*

| 派皮 |
170 克低筋麵粉
115 克無鹽奶油
30-40 克冰水或冰牛奶
5 克糖
一小撮鹽

TIP　糖並不是必需的，也可以不加。

| 焦糖醬 |
60 克鮮奶油
50 克砂糖

TIP　這個焦糖的份量會用不完，但我通常會多做一
　　　些放起來，加什麼都好吃。如果只有要用這次
　　　可以把材料各項減半。

步驟   *Step*

STEP 01

將麵粉、糖、鹽一起放入鋼盆中，大略的攪拌均勻後加入切小塊的冰涼奶油。奶油如果切好有點回溫，記得再放回冰箱冷藏一下。

STEP 02

用手細細搓揉，讓奶油和粉類結合，摸起來是細細碎碎的手感，然後緩慢加入冰牛奶或冰水形成不沾手麵團。用保鮮膜包覆麵團，進冰箱鬆弛至少1小時。

 液體類的材料沒有用完沒關係，麵團成團時保持不沾手就好。液體太多會讓麵團太黏太濕。

STEP 03

這個時候來準備放在裡面提味的焦糖醬。砂糖放進鍋中，用小火煮到糖融化，會漸漸散發出香香的焦糖味。如果覺得融化中受熱不平均，輕輕搖動鍋子就好，不要攪拌喔！

STEP 04

倒入鮮奶油。這時要非常小心，鮮奶油會噴濺像火山爆發那樣。均勻攪拌到兩者混和後離火。

STEP 05

切半顆蘋果,倒入一些些麵粉稍微攪拌一下。

STEP 06

等派皮完全鬆弛好之後,在檯面上灑點手粉,用模具壓出圓形。

STEP 07

依序放上蘋果和一小匙焦糖醬,覆蓋後用叉子壓住邊邊,幫助派皮上下黏好。

STEP 08

表面畫兩刀,或畫一個叉後刷上蛋液,進預熱 210 度的烤箱,烤約 15 至 20 分鐘,有美美的金黃表面就可以出爐。

迷濛一夜的隔日清晨

白色蘋果酒凍

Apple cider jelly

在馬德里的旅程中，每天都是用一家接著一家的小酒館行程，飽飽地微醺地結束夜晚。

這些小小擠擠的酒館中，除了我最喜歡點的 Tinto de verano（Summer Red Wine）和 Sangria 等紅酒為底的調酒之外，就是 Apple cider 了！酒館自釀蘋果酒配上灑了粗海鹽的碳烤牛肋條，口中味道完美平衡。搭配天南地北的聊天，一邊散步消化，晃到下一家，是伊比利半島的愜意日子。再一次謝謝在地人學長帶路，美好旅程中的美食幾乎都是他帶著我們去的。

/

將蘋果酒做成果凍，在初夏的清晨裡，冰涼地吃應該會很舒服吧！

純釀造的蘋果酒在台灣不好取得，我買了氣泡酒回來試。雖酸氣不足，但淡淡的酒香、蘋果香，加上切塊蘋果的口感，會忍不住一口接一口，一不小心就吃光了。台灣種植的蘋果種類選擇很多，我通常喜歡挑紅皮蘋果，只要不上蠟、果皮紅潤、蒂頭不枯黃以及有水份重量，大概就會是香甜好吃的那一個。

材料 *Ingredients*

250 克蘋果氣泡酒
60 克熱水
50 克砂糖
6 克吉利丁粉
半顆蘋果
少許檸檬汁

步驟 *Step*

STEP 01

半顆蘋果切小塊,擠上檸檬汁避免氧化變色。

STEP 02

砂糖加入熱水,均勻溶解後加入吉利丁粉,再倒入蘋果酒均勻攪拌。

> TIP 因為是氣泡酒,倒入後上面會產生大量白色泡沫,一下下就會消失的並不要緊。

STEP 03

容器內放入蘋果塊,把蘋果酒液倒入,冷藏定型。

> TIP 切了一些檸檬皮隨意撒上,搭配著吃很提味,不妨試試!

Apr.

很喜歡的作者 Joyce，凱華姊姊，也是 Instagram 上的好朋友。

她的生活食譜《灣岸餐桌》一書中介紹了這樣她最喜歡的果醬，當時
收到書後馬上被吸引，立刻出門買了蘋果和奇異果回來試做，棒極了，
有奇異果的酸和蘋果香氣，切成丁的水果還能吃到果粒的幸福感，拿
來塗抹麵包或兌氣泡水都是很棒的選擇。

/

蘋果和奇異果的含水量比較高，熬煮的時間相對較長。手不停的攪動
的同時，倒杯熱茶在旁，趁機發呆一下，也算是另一種腦袋放空模式。

材料 *Ingredients*

3 顆奇異果
1 顆蘋果
砂糖

TIP 砂糖的量約為水果去皮去籽後重量的 1/3 到
1/2，依自己喜好調整甜度。若水果本身甜度
夠，糖也可以少放，但糖放多一點自然可存放
較久一些。

步驟 *Step*

STEP 01

分別將蘋果和奇異果去皮去籽，切成小塊丁
狀，加入糖醃漬到出水。

TIP 時間不夠的時候，也可以省略醃漬的步驟。

STEP 02

放進鍋中開中小火煮滾，開始有浮泡時要細
心撈起，並且轉小火，再用木匙不停攪拌熬
煮，鍋底和鍋邊也要不停翻動，以免燒焦。

STEP 03

一直煮到水份和果肉份量差不多，看起來比
較濃稠即可關火。冷卻後會比滾燙時來的稠，
所以要看好時機趁熱裝罐。

STEP 04

玻璃瓶裝約九分滿就可以，填裝完畢用倒扣
的方式進鍋子裡，開火煮滾消毒瓶口後拿出，
倒扣放涼，防止外面的空氣跑進去，瓶子內
才會呈現真空的狀態，自己吃或送人也相對
安心。

TIP 瓶子要先進燒滾的熱水中消毒，拿出來倒扣放
乾再裝果醬。

Apr.

May
綠色的日子
Live In The Moment

白葡萄 & 抹茶

白葡萄楓糖生乳酪塔｜
葡萄帕芙洛娃｜抹茶凍

白葡萄楓糖生乳酪塔

Grape tart

臨時需要甜食的時候，磅蛋糕通常會是我的第一選擇。材料步驟簡單，需要改變的只有砂糖——得依照拌入的水果酸甜口味而減少。

而白葡萄對我這個大懶人來說算是超優良的水果。果皮不澀、無籽、甜度極佳，又帶著微微果酸香氣。清洗乾淨後就可以抱著一盆一口接一口，飽滿新鮮的綠色果實，不用剝皮也無須吐籽。

但好吃的白葡萄和磅蛋糕實在不知道怎麼拼湊才對味，剛好冰箱總是會有一些剩下的塔皮。用不完的塔皮捨不得丟，妳可以一小顆一小顆用保鮮膜包覆好，再放進冷凍庫，寫上日期，最多不要超過一個月都還能使用。捏一捏又可以完美變身，再好不過。

想把葡萄排列成散狀的花型圈圈，買葡萄的時候就要盡量挑選大小相似的，看起來比較整齊一致。就用冰冰涼涼的白葡萄和帶點楓糖暖甜味的生乳酪塔，來迎接初夏的午後吧！

材料　　　　　　　　　*Ingredients*

塔皮
白葡萄

| 生乳酪 |
150 克奶油乳酪
45 克楓糖漿
45 克鮮奶油
10 克水
2.5 克吉利丁粉
些許檸檬汁

TIP　塔皮作法請參考 P.26。如果沒有吉利丁粉要用
　　吉利丁片，得把吉利丁粉的份量 x 1.5。

步驟   *Step*

STEP 01

把一些剩下的塔皮輕柔的重組,捏上塔圈之後,拿叉子戳洞,再放回冷凍庫約半小時,時間來不及的狀況下確認有凍住就可以。

STEP 02

鋪上烤焙紙和烤石,預熱 170 度的烤箱,烤約 15 分鐘後取出烤焙紙和烤石。之後再以同樣烤溫烤到上色,約 10 到 15 分鐘就可以出爐,連同烤模一同放涼。

> TIP   通常我會拿一個瓷盤或瓷碗,帶上手套,迅速將紙和石一起丟進去。不要拿鋼盆或容易導熱的容器,烤石一定會燙得你無法行動。

STEP 03

將吉利丁粉加水和開,放置一旁備用。

STEP 04

軟化的奶油乳酪連同楓糖漿一起用電動攪拌器打到滑順,如果時間不允許也可以用隔水加熱的方式進行軟化,水不要滾燙就好。

> TIP   吉利丁粉加水膨脹後若有點凝固,隔水加熱就會再恢復液態狀。

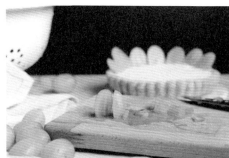

STEP 05

拿些許乳酪糊，加入檸檬汁和全部的吉利丁粉扮勻，質地與乳酪糊較相似後再倒回鋼盆中與剩下的乳酪糊結合，最後再加入鮮奶油拌妥。

TIP 通常這個時候我會先偷偷試吃，調整自己喜歡的甜度和酸度，有時候想吃甜一點就任性地再倒一些楓糖漿吧！

STEP 06

等塔皮冷卻之後倒入乳酪糊，放進密封盒中冷藏約 3 小時定型，用密封盒可以防止吸收冰箱其他味道。

STEP 07

葡萄有點難站在塔上，我動了點手腳。把黑色蒂頭那一端切掉一點點，再把外側的尾端斜切一刀，好讓他們順利站好。

STEP 08

圍成花圈圈後找一個跟你最對眼形狀最完整的放進中間吧！如果要賣相更好可以刷一些果膠讓葡萄看起來更亮眼，但家人當天就吃掉了我就省點麻煩，少洗一些碗。

TIP 切剩下的葡萄可以拌優格或是和其他水果一起打綜合果汁，不要浪費。

May

葡萄帕芙洛娃

Fresh fruit pavlova

好吃的烤蛋白餅帕芙洛娃，是由俄羅斯著名的古典芭蕾舞者安娜‧帕芙洛娃的名字而來的。

在俄國唸書時一向很怕那裡的甜食，因為真的、真的、真的太甜！唯一喜歡又很常買的是布雪蛋糕，而且還是在一家叫布雪的咖啡糕餅店，很可愛吧！令人想念的異鄉生活，連下著大雪的日子都還要出門買一塊。

安娜生活的城市和我同一個，人不親土親大概就是這樣，試做這個蛋白餅後，除了布雪蛋糕，喜歡的品項又增加了一道。

/

一般常見的帕芙洛娃都是搭配酸甜滋味的莓果，中和餅的甜膩，我換成了綠葡萄和有奶油香氣的檸檬凝乳。當然，要換什麼水果或抹醬都是依個人喜好，但還是建議酸酸甜甜的，才能一口接一口。用切的，或用手掰開都一樣順口。做給朋友吃的那天，她離開前還自己打包半個走，說要回家吃，最有成就感的就是這種時候。朋友啊，謝謝你們。

用俄文祝你有個好胃口吧！

Приятного аппетита!

材料 *Ingredients*

| 蛋白餅 |
50 克糖
1 顆蛋白（約 40 克）
1 克玉米粉

步驟 *Step*

STEP 01

用一個乾淨的容器，拿手持攪拌器將蛋白、糖和玉米粉打發到硬性發泡，把鋼盆拿高倒扣蛋白不會掉下來就是了。

TIP 注意容器不能沾任何一滴水和油脂。

STEP 02

將打發的蛋白均勻的抹在烤焙紙上，率性的用湯匙塗抹吧，要有一點厚度才好看。預熱 150 度的烤箱烤 50 到 55 分鐘，留在烤箱放到涼。

STEP 03

隨意抹上準備好的檸檬凝乳，再將葡萄擺上，刨些檸檬撒在上面吧！

TIP 檸檬凝乳作法請參考 P.116。

抹茶凍

Matcha jelly

想起去宇治的那一天，目標是很多很多抹茶製品。

宇治在京都南方，小小的，不過卻因為抹茶而大大出名，街道兩旁日式平房在淡季顯得舒服安靜，路邊隨便點支抹茶霜淇淋也不會讓你失望。

很想念中村藤吉和伊藤久右衛門的抹茶製品，香濃不甜，有一股專屬於抹茶的茶澀味。只好動手做，還好材料都算容易取得，一解想出去玩的心情。

/

抹茶凍的材料很簡單，試過很多凝結劑後我最喜歡吉利 T（蒟蒻粉）的口感，而且他是植物性的，吃素的人也不用擔心，如果你手邊有寒天粉或洋菜粉也可以試試，但比例配方可能要看一下包裝背後的說明。

搭配茶凍最棒的就是蜜紅豆或紅豆泥了!

我曾經扛過北海道的十勝紅豆回來台灣,當初也不知道在想什麼,真的非常重,訓練臂力也不是這樣的。最近買到一包屏東萬丹產的無毒紅豆,在老天爺眷顧下,萬丹有著得天獨厚種紅豆的優勢,土質、水源和陽光日照。人工堆疊曝曬再用手撿選,反覆的工序讓一整包豆子盡是精華,萬丹的紅豆完全不輸日本。收成的豆子粒粒飽滿,加糖煮熟香濃鬆軟。蜜好的紅豆讓人好驚艷,用來作糕點或是點綴抹茶的茶澀味都是很棒的選擇,搭配抹茶凍的鮮奶油不用加糖打發,增加一些柔順的口感。

材料　　　　　　　　*Ingredients*

| 抹茶凍 |
800 克開水
55 克砂糖
10 克吉利 T
3 克抹茶粉

步驟　　　　　　　　*Step*

砂糖和吉利 T 混和至碗中，水加熱煮沸，倒一些沖開抹茶粉，其他沖到碗中均勻拌妥乾料，再將兩者混和後倒入器具中冷藏。

Jun.
花園盛宴
Feast in the Garden

桃子與檸檬

蜜桃派∣桃口味 Mojito∣
檸檬奶油點心罐∣棉花糖∣
檸檬塔

果香蜜桃派

Grilled Peach Pies

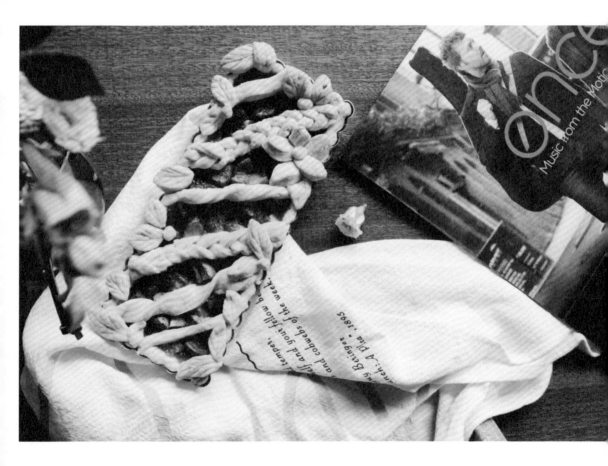

我的夫妻朋友，返鄉從農的猛男農夫和小農女。

住的離我不算太遠，在東勢，走國道過去大概三十幾分鐘，是有名的水果之鄉，更是專業的柑橘產區。很愛往外跑的我們一家也常在那附近走跳，騎腳踏車、吃客家菜或逛水果批發。梨子、李子、梅子、桃子、柿子和各式各樣的柑橘，舉凡圓圓滾滾的水果，東勢一定有，而且還絕對好吃。

猛男的爸爸，老猛男，在十多年前發現施用除草劑對土壤質地、微生物豐富性，還有果樹品質皆有不良影響，所以他開始用草生方式來栽培果園。雖然現在常常要人力背負除草機，除去果園裡及膝高的草，但因為如此，草根抓住了水份，割掉的草屑分解後回歸土壤，漸漸轉變為一塊大自然該有的好土。地底下有豐富的養分讓橘子樹更好吸收，肥料利用率佳，過度施用肥料的問題自然就減少。

通常農家都有一塊種自己吃的前院或後院，猛男家也不例外，不施加肥料，頂多是放廚餘菜渣作為養分，收成全看老天賞賜，有多少是多少，是真正農夫吃的食物。

幾天前，一箱後院種的無農藥屁桃送來了。我也獲得了一些，迫不期待想幫她變身，用這多汁香甜的桃做果醬再適合不過。切開後透著漂亮桃紅色的果肉，不用帶皮也能煮成漂亮的粉紅色，想著想著不禁心情大好。煮果醬的時候整個空間充滿桃子的香味，撈起小鍋上面濾出來的浮泡，捨不得丟掉就立刻兌了氣泡水，一飲而下。

材料　　　　　　　　　　　　　　　　　　*Ingredients*

| 桃子醬 |

3 顆桃子

半顆檸檬汁

砂糖

TIP 砂糖的重量約為桃子總重量的一半。

| 派皮 |

170 克低筋麵粉

115 克無鹽奶油

30-40 克冰水或冰牛奶

5 克糖

一小撮鹽

TIP 請參考 P70 派皮的作法。

步驟   *Step*

STEP 01

桃子去皮切塊，我喜歡吃到桃子果肉所以切大塊些。加上糖、檸檬汁，煮滾至微微收汁。

> TIP   我沒有煮到很濃稠，因為打算沖泡氣泡水和填進塔裡用。

STEP 02

拿出冰箱常備用的塔皮，幫長方形塔模做一個小花園！裡面的填餡是 1/3 的桃子果醬和兩顆桃子切塊加糖煮到收汁。烤箱溫度調至 160度，烤 40 分鐘看上色狀況。

桃口味 Mojito

Peach mojito

夏天悄悄到來,看著大太陽下的熱氣浮動,連走出門都是件難事,吃什麼也都沒胃口。食慾低迷時只想來一杯冰涼清爽的微酒精飲料消暑,最簡單的就是 mojito 了!

Mojito 可說是古巴最著名的調酒,連海明威都替它認證。在舊城裡的小酒館 La Bodeguita del Medio 中就掛著海明威當年寫下的字條:

Diary.
14

"My mojito in La Bodeguita, my daiquiri in El Floridita."

「我的 mojito 在 La Bodeguita 酒館,我的 daiquiri 則在 El Floridita 酒吧。」會一連想起了樂士浮生錄、帶有殖民色彩的老舊哈瓦那市容、海岸旁行駛中的古董車、Rumba、Salsa 還是 Mambo,全都是滿滿的古巴風情。想著哪天若造訪,尋著紀錄片的腳步體驗一遍,浸在那些蕭瑟中又無所不在的生命感動後,當然還是要舒服慵懶的暢飲一杯令人心醉的道地 mojito。

/

既然短暫都還去不了哈瓦那,那來一杯有點小女生的桃口味 mojito 渡夏先吧!雖然基底是龍舌蘭酒,但其實用伏特加、蘭姆酒、威士忌,家裡有什麼都拿出來用用看也沒關係,材料更是可以隨興一些,多點薄荷可以增添勁涼暢快的風味,想像自己就在海灘上一樣。

材料 *Ingredients*

- Tequila 龍舌蘭酒
- 氣泡水
- 砂糖
- 檸檬
- 現摘新鮮薄荷葉
- 自己煮的桃果醬

TIP 薄荷葉最好是自己種確保無農藥，若是外面買回來的盆栽，建議先全部修枝，新長出來的才食用。

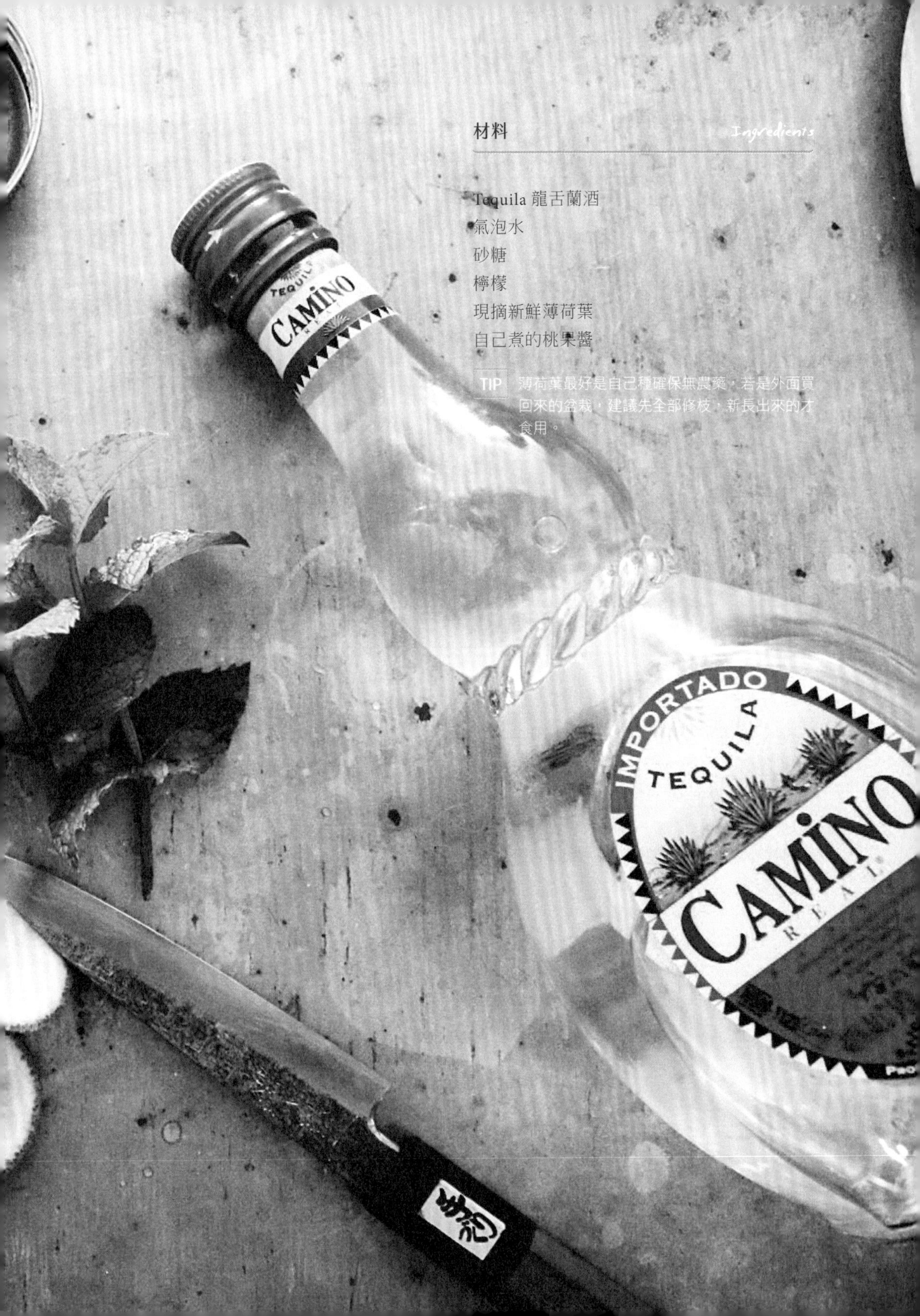

步驟　　　　　　　　　　　　　　　*Step*

STEP 01

切幾片酸不溜丟的綠檸檬、砂糖、大量新鮮
薄荷葉入杯中，借用一下桿麵棍用力搗碎，
擠出檸檬汁液、檸檬皮精油和薄荷氣味。

STEP 02

往上堆疊一大匙桃肉果醬，倒入半杯氣泡水、
大量冰塊。還沒滿吧？剩下就帥氣的倒入
tequila 吧！

> TIP　偷喝一口，不夠甜再加糖拌開，不夠酸再偷
> 擠檸檬汁，至於酒精就依接受度調整。

快快大口喝下，屬於自己風味的微微醺夏日飲品，雖
然不那麼古巴，但這就是夏天的清涼。來，乾杯！

一層一層的好滋味

檸檬奶油點心罐

Lemon cream trifle

去年在家門口種了一棵有我一半高的香水檸檬，總細心照顧著，等待收成。

春天復甦之際，喜歡的柑橘類果實開始紛紛變色成熟，所以我很喜歡種。除了果可以食用；花香濃郁能當盆栽欣賞；枝幹、葉片和花苞無不充滿精油和大自然的氣息！疏枝修剪時常常可以聞到專屬的味道，金桔真的就是金桔味、檸檬則是淡淡的檸檬芳香。

收成四顆自然落果後的香水檸檬在去年的某一次焚風中被燒死了，可惜的很。過陣子打算再買盆回來種，等夏天時簡單榨汁，加上金桔，就可以酸酸的一解暑熱了。

夏季的休日，懶散不想出門，選一部想看很久的電影，開冷氣抱毯子，和男子一起窩沙發。他說沒有爆米花，我說等我一下，快步跑向廚房翻翻找找。

「啊，有前幾天做好的檸檬奶油醬！配餅乾要不要吃？」

「好！」

The Little Idea

檸檬凝乳

夏天到來，一定要有百搭萬用又方便的檸檬凝乳。我通常是用大顆黃檸檬做的。如果買不到香香的黃檸檬，有機無籽綠萊姆也行，綠萊姆皮很薄，多汁且酸，跟黃檸檬是不同種的香氣，但總是檸檬一家人嘛！看你當下能買到黃的、綠的還是香水檸檬，都一起來試試。

材料　　　　　　　　*Ingredients*

|檸檬凝乳|

90 克檸檬汁

90 克糖

70 克無鹽奶油

3 顆雞蛋

1-2 顆檸檬皮

TIP 如果檸檬比較大顆，就只需要一顆左右的檸檬
皮屑。

步驟　　　　　　　　*Step*

STEP　01

這是一項很棒的儀式，幫砂糖按摩！刨了一
顆大顆無籽綠檸檬的皮屑，用叉子先混和一
下，再用手指細細搓揉砂糖和檸檬皮。這樣
能使每粒砂糖都吸收檸檬皮精油的香氣，邊
搓揉的同時廚房也都香香的，手指頭更是留
下令人舒服的味道。

TIP 通常這個步驟會在準備做凝乳的前一個小時完
成，之後泡杯茶，放個音樂再來慢慢準備接下
來的工序。

STEP 02

準備一只鍋子，將奶油和檸檬汁倒入，開小火到奶油融化，熄火放置。

STEP 03

打蛋，和砂糖一起攪拌均勻，一邊用攪拌器拌著一邊倒入融化的奶油檸檬汁。

TIP 若奶油還有點燙燙的，記得一定要邊攪拌邊入，不然蛋會熟喔！

STEP 04

將混和好的蛋汁過篩倒回鍋子裡。過篩是為了要將浮泡和檸檬皮屑瀝掉，加熱過後的檸檬皮會變得黑黑綠綠的不是很討喜，不介意的話可以留著沒關係。

STEP 05

開小火慢慢加溫然後不停畫圈攪拌避免燒焦，一直到內餡變得濃稠就可以關火放涼。

TIP 等待放涼的時間除了清洗剛剛的用具外，也可以煮鍋熱水消毒密封罐，分送給親友當小禮物。

步驟

Step

倒一點點鮮奶油，灑點糖，直接拿攪拌器用
手打發。量不大用手打其實蠻快，不會很累。
壓碎消化餅乾和核桃。將餅乾、鮮奶油、檸
檬凝乳和藍莓一層一層隨意放，一人一罐，
電影開始播放吧！

棉花糖檸檬塔

Lemon cream tart

最近很喜歡加入棉花糖口感的檸檬塔。

/

以前總覺得軟綿的棉花糖一定是加了什麼添加物，才會有膨膨軟黏的口感，後來發現其實真的什麼化學物也沒加，所以吃起來也格外安心。

用純正的龍眼花蜜做過一次，但效果不及葡萄糖來的好，所以分享用葡萄糖的作法。如果喜歡有顏色的棉花糖，可以加入果泥果醬，不要太濕就好，食用色素也是可以做出繽紛的棉花糖喔！

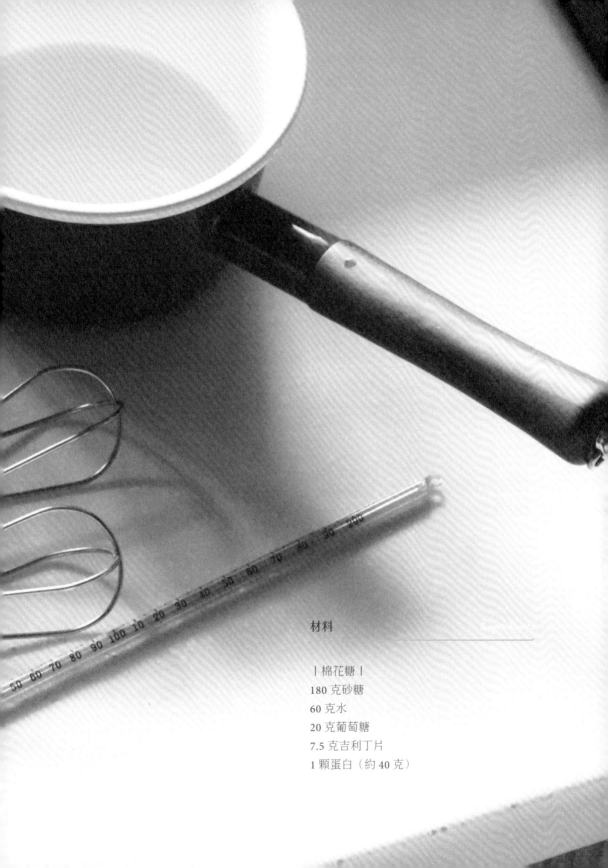

材料

| 棉花糖 |
180 克砂糖
60 克水
20 克葡萄糖
7.5 克吉利丁片
1 顆蛋白（約 40 克）

步驟 *Step*

STEP 01

先將吉利丁片泡冷水，水要蓋過吉利丁片。

STEP 02

準備一只比內容物大超過兩倍的鍋子，放入糖、葡萄糖和水，一同加熱到 125 度。溫度計在 100 至 110 度間會非常緩慢上升，如果沒有在動不是壞了，等他一下。

STEP 03

等溫度計顯示 125 度時，加入已經泡軟而且擰乾水份的吉利丁片，離火攪拌。滾燙的糖加入吉利丁片攪拌後會瞬間膨脹升高，小心就好不用太緊張。

> TIP　趁糖漿極度緩慢加熱的時候，可以先用中速打發蛋白。

STEP 04

手持攪拌器以高速打發蛋白，一邊倒入煮好的糖漿，打到很黏稠接近快要打不動時就可以關掉了，約 8 到 10 分鐘。

STEP 05

把棉花糖糊裝入擠花袋，胖嘟嘟的擠在檸檬塔上，進冰箱放涼。如果有噴槍，吃之前開噴槍烘烤一下棉花糖，口感更棒。

> TIP　檸檬塔只要組合塔皮（P.24）跟檸檬凝乳（P.114）即完成。

STEP 06

剩下的棉花糖糊，你可以準備一個平底的盤子，抹上油或撕張保鮮膜鋪底，把棉花糖糊均勻鋪好，室溫放置即可，趕時間的話也可以放冰箱加速定型。定型之後取一張烤焙紙到檯面上，灑上大量糖粉，把棉花糖倒扣出來再拍上糖粉，糖粉的量以不黏手為主，切好想要的大小就完成啦！

> TIP　切面也要補上糖粉，不然會黏黏的。

Jun.

Jul.
繽紛派對
That's Party!

西瓜與芒果

西瓜義式奶酪｜西瓜微
酒精｜芒果班戟｜芒果
西米露

衝突對比的絕妙口感

西瓜義式奶酪

Vanilla panna cotta

六月底在上環的 Cafe Deadend 吃到了好喜歡的 Vanilla Panna cotta，最底層有莓果醬，再來是有香草氣味不膩口的義式奶酪、有柑橘清香的冰涼血橙雪酪和最上層新鮮的水果。不枉費我們大熱天爬上了半山，那天的香港島真的好悶熱，從身體裡都會散發火焰熱氣那種。

七月的台中盆地也相當炎熱，可惜買不到進口血橙做雪酪，那用昨天買到的台灣名產玉里西瓜吧！位在北迴歸線上的花蓮玉里種植西瓜可說是非常出名，在秀姑巒溪排水良好的沙質地上，好山好土，好水質好氣候成就了最棒的種植環境，西瓜不好吃都難，是我喜歡的沙沙口感，還很多汁。

/

一開始我把西瓜做成雪酪，但發現西瓜雪酪的口感和氣味都不及血橙來的好，就像冷凍西瓜汁，沒什麼驚喜和特色。就乾脆挖成可愛的球形！不但吃的到西瓜原有的清香和爽脆，視覺上一球球的光看著就覺得開心。

義式奶酪做法也非常簡單，最難的大概是挖香草籽吧！你一定也可以試試看。

材料　　　　　　　　*Ingredients*

| 義式奶酪 |
90 克牛奶
70 克鮮奶油
30 克糖
半根香草夾
吉利丁片

> TIP　我的香草莢是在好市多買的，肥厚大根，香草
> 籽也是滿滿的，一剖開連著刀子被擠出，天然
> 香氣十足。以往在烘焙材料行買到的香草莢乾
> 瘦，香草籽刮不出太多，也較不耐放。

步驟　　　　　　　　　　*Step*

STEP 01

事先將吉利丁片加冷水泡軟。

STEP 02

拿一個厚底鍋加入牛奶、鮮奶油、糖、香草籽和刮除乾淨的香草莢，稍稍攪拌一下。開火加熱到鍋子邊緣開始冒泡泡就熄火。

STEP 03

將吉利丁水份瀝乾，加入鍋中攪拌至融化。過篩濾掉渣渣和香草莢殼，倒入準備好的容器進冰箱冷藏定型。

STEP 04

拿球形挖水果的器具挖出一球球新鮮西瓜，擺放在奶酪上。

> TIP　由於西瓜水份較多，建議要食用前再擺放上去以免奶酪過濕。

西瓜微酒精

Watermelon vodka cooler

我家有一對夏日要喝大杯西瓜汁的父女,爸爸和妹妹。

每每在夜市看到西瓜汁攤販,都會毫不猶豫點個兩大杯,一人一杯暢飲,偶爾分媽媽一小口。

為什麼沒幫我買呢?因為我不是西瓜愛好者。不知道從什麼時候開始,台灣的西瓜都太甜太甜啦!農夫的手彷彿有沾蜜,甜西瓜令我忍不住顫抖。只有不小心買到不那麼甜的西瓜時,我才會抱著半顆慢慢享用,偶爾榨著淡淡的西瓜汁。

西瓜汁喝久也是會膩,夏天那麼長,來換個喝法吧!冰塊裝滿滿一杯,偷偷加一點點酒,再切一片綠檸檬丟進去,漂漂亮亮淡紅色,完全比純西瓜汁過癮多了。看著這杯沁涼,好適合沙灘上撐把大大的傘躲在下面。

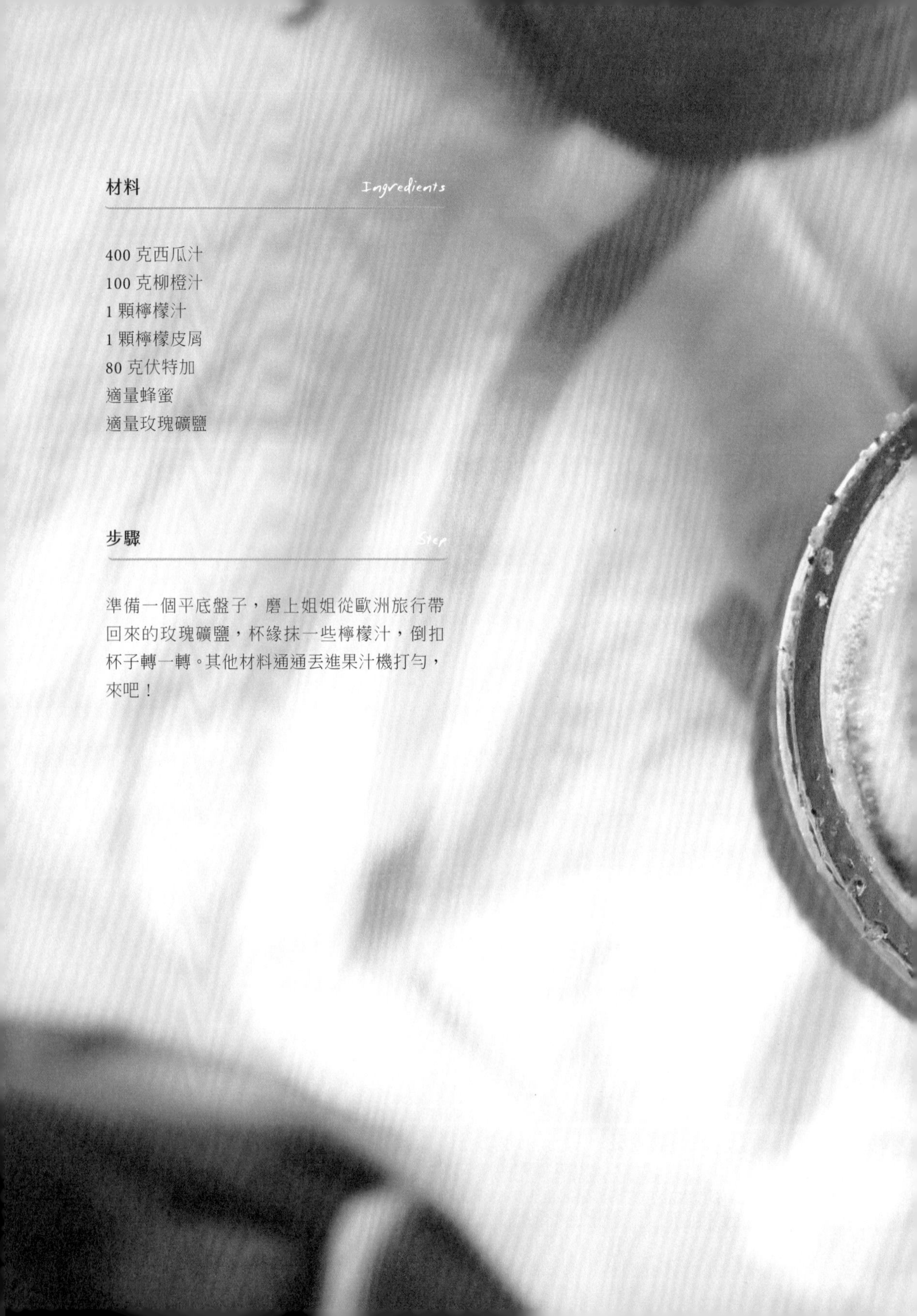

材料 Ingredients

400 克西瓜汁
100 克柳橙汁
1 顆檸檬汁
1 顆檸檬皮屑
80 克伏特加
適量蜂蜜
適量玫瑰礦鹽

步驟 Step

準備一個平底盤子，磨上姐姐從歐洲旅行帶回來的玫瑰礦鹽，杯緣抹一些檸檬汁，倒扣杯子轉一轉。其他材料通通丟進果汁機打勻，來吧！

咬下去會是什麼呢

芒果班戟

Mango crepes

悶熱而下大雨的傍晚，想家的 J 提議來做薄餅吃。

經典的港式甜品，夾上正時令的大塊枋山愛文芒果，大口咬下，過癮極了。

/

枋山是前往南國墾丁必會路過的地方，日照時間較長的南方種植出來的「在欉黃」
芒果真是沒話說的好吃，皮紅肉黃，還有個太陽果的稱號，而「在欉黃」指的是在
樹上成熟轉黃，不是提前採收經人工催熟。前往墾丁路上除了烤鳥、烤魷魚、洋蔥、
菱角、黑珍珠，枋山芒果是絕不可以錯過的夏季特產。

不過除了好的芒果，你還需要一個好煎不沾的平底煎鍋，我們拿了一起去東京購買
的戰利品。雖然不是用呂宋芒果，但也一解她的思鄉之情，我想她大口咬下的同時，
嘴裡、心裡都會是家的味道。

材料　　　　　　　　　　*Ingredients*

| 薄餅 |
120 克牛奶
45 克過篩低筋麵粉
20 克砂糖
10 克融化奶油
2 個蛋黃

| 鮮奶油 |
100 克鮮奶油
8 克糖

TIP　因為芒果本身很甜，糖就少放一點點吧！

步驟　　　　　　　　　　*Step*

STEP　01

混和蛋黃、糖、牛奶後加入融化的奶油拌勻，
最後加麵粉。

STEP　02

麵糊過篩，鍋子抹上一些奶油，倒入薄薄一
層，待邊邊看起來有點變色，拿根牙籤在邊
緣轉一圈，餅皮便可拿起來放涼。煎一面就
好不用翻面再煎。

STEP 03

打發一些微糖的鮮奶油。將鮮奶油放入大碗
或盆中，分兩三次加入糖，用手持攪拌器打
到紋路清楚，放進冰箱冷藏幾分鐘，再拿出
來適量放在餅皮正中間。

STEP 04

豪邁放上半顆芒果。上下對折再左右對折，
切開享用！

港味十足的消暑甜品

芒果西米露

Sago pudding with mango

這是從楊枝甘露變化來的。

傳統的楊枝甘露中有沙田柚、芒果、西谷米跟糖水，有些甜品店家還會加入椰奶、果乾等等。但我實在不是能吃椰奶的派別，不是乳糖不耐症，只是單純害怕椰子。小小的改良一下，跟我一樣不喜歡椰子的人也可以試試。

/

港式甜品的靈魂非芒果莫屬，我用了枋山愛文芒果，新鮮產季，果熟香甜，看著紅光滿面的果實，一切開就忍不住想偷吃。而原本找不到柚子，變化版的楊枝甘露就只能有芒果和西谷米，回家前在農會意外發現沙田柚，見獵心喜立刻抱一顆回家。

吃飽飯一邊喝著朋友現煮拿鐵，一邊撥著柚子，有一搭沒一搭的聊著天，夏夜晚風，好適合聽伍佰！

材料 *Ingredients*

西谷米
砂糖
吉利 T（蒟蒻粉）
芒果
沙田柚
蜂蜜

TIP 材料沒有既定的比例，全部是適量，看你想放多少而定。

步驟 *Step*

STEP 01

要先來處理西谷米，市售西谷米的包裝後面都有烹煮方式，可以照著步驟煮。我則是燒半鍋熱水，等水滾開放入西谷米，攪拌不黏鍋後，開中小火繼續煮約 10 分鐘，再熄火靜置讓米心熟透。

STEP 02

微微降溫後，倒掉大部分的水加入糖拌勻，因為成品我會淋蜂蜜，所以糖只先加一點點。

STEP 03

把西谷米變成果凍狀。用 20 克吉利 T（蒟蒻粉）加一點熱水化開，倒進西谷米鍋中均勻攪拌，倒入容器，等冷卻後放冰箱定型。

STEP 04

放進一整顆切成塊狀的芒果，柚子則剝成小塊狀撒上。淋上蜂蜜，再用任何你喜歡的方式點綴一下吧！

Jul.

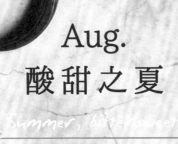

Aug.
酸甜之夏
Summer, bittersweet!

百香果

百香果生乳酪｜古
早味花型蛋糕

百香果生乳酪

Passionfruit raw cheese

去沖繩小小放鬆了幾天。

中間特意選了間附近沒有商務旅館、沒有商店，甚至連路燈也沒幾支，只有星空蟲鳴和海浪聲的木造小屋，當然也有很多大自然飛蟲。到了當地尋找住所時怕的要命，深怕把車開進荒山野嶺，山區裡手機沒訊號可能也無法求救啊！還好房屋主人的家夠特別，在一個轉彎之際被我發現了，萬幸。

放好行李後跟房主人聊天，發現這附近是真的沒有商店。最近的便利商店開車要近十分鐘，農會超市也差不多的一點都不近。還好來的路上遇到好心的當地人，知道我們在找生鮮超市後請我們跟著他的車，領路帶我們前往。好心人停好車遞上名片靦腆說有問題歡迎隨時打給他，低頭一看，原來是地方觀光處的員工啊！真的非常感謝。

一開始就計畫不出門，要窩在木屋裡放鬆，所以很認真的採買接下來幾天的糧食。途中在水果區發現想吃好久的百香果，立刻放進推車。雖然一看就酸溜溜，可能還無法直接吃呢！

那幾天沖繩午後都下著雨，透過藍芽喇叭大聲播放屬於休日氛圍的歌曲，在室內展開大大的野餐墊，我們有時躺有時坐，享受意料之外的島國雨天。偶爾幾天放晴的傍晚，房主人孩子們會聚集在兩個房屋中間的庭院玩水，和一隻胖花貓一起。

那隻花貓，入住第一天牠就企圖闖入房裡，而且還成功了！妹妹一面想跟她玩，又一面要安撫驚恐中的我，一陣混亂後還是被請了出去。雖然牠三不五時又會企圖想進來，不然就是抓抓紗窗然後喵喵叫。透著放晴光線的時刻，胖貓在緣廊曬太陽，我看著牠，不知為何就決定要把百香果作成生乳酪。

抓了鑰匙錢包，帶上妹妹，到地方農會再買材料買齊吧！

材料 *Ingredients*

270 克餅乾
200 克 Cream Cheese
120 克融化奶油
100 克無糖優格
80 克糖
70 克鮮奶油
30 克牛奶
7 克吉利丁片
1 顆百香果
1 顆檸檬汁

步驟 *Step*

STEP 01

找一個袋子，把餅乾通通放進去，交給在旁邊躺椅上的妹妹，請她捏碎壓碎。再把融化奶油倒進袋中，揉捏均勻，紮實壓進模具中，冷凍。

> TIP 如果有桿麵棍或空酒瓶，順手滾碎更方便。

STEP 02

取出百香果汁和果肉待用。

STEP 03

吉利丁片加水泡軟，冷水就可以了。不過吉利丁片不會那麼快軟化，所以一開始就要泡著，不然會來不及。

STEP 04

再將砂糖和 Cream Cheese 一起放入要處理的鋼盆中，準備另一鍋熱水將 Cream Cheese、糖、無糖優格拌到質地均勻。

STEP 05

加入檸檬汁和一些百香果汁。我刻意將百香果籽留下沒放進乳酪糊中，如果你喜歡看到切面有籽也可以一起拌進去。

STEP 06

趁乳酪糊還溫熱,把吉利丁片擠乾,放入拌到融化。要仔細確認,如果不好溶解,再開火隔水加熱一下。

> TIP 沒融化的吉利丁片吃起來會非常噁心,一定檢查好。

STEP 07

將鮮奶油打到微發,倒入乳酪糊。

> TIP 我怕鮮奶油太胖,所以換了一些鮮奶愛好者妹妹買回來的牛奶。如果覺得準備兩樣東西麻煩,也是可以都用鮮奶油,加起來是 100 克就好。

STEP 08

過篩倒入餅乾中,過篩可以讓乳酪糊質地更為細緻,也可以過濾掉剛剛沒注意到或沒拌開的材料。

STEP 09

喜歡冷凍的口感如我,就進冷凍庫放。冰冷藏的話,最少要 5 個小時,隔夜更好。

STEP 10

拿出來後淋上百香果肉,用一些莓果妝點,外面小花園的野花摘一朵放上。

> TIP 刀子燒熱切,切口會比較漂亮!

古早味花型蛋糕
Passionfruit chiffon cake

新竹有一家古早味蛋糕，以前常常跑去排隊購買，號稱壓下去會彈回來，還有濃濃雞蛋香，是一想到就嘴饞的滋味。

神奇的下午，我也做出了一個，是微微百香果口味的戚風蛋糕，誤打誤撞的美好。

/

比起口感扎實的塔派或海綿蛋糕，加了油與水的戚風蛋糕營造出的鬆軟空氣感更適合隨時享用。如果不想直接淋醬，在蛋糕上弄一些奶油花，切細碎一些杏仁核桃，刨檸檬皮屑，攪拌均勻後香香的灑在花的內心。

多出來的鮮奶油，可以在蛋糕切片後放一點在盤子上，再淋些果醬；至於用剩的百香果肉呢？不如直接加入飲品當中，切幾片檸檬、百香果汁也不放過，倒入一罐冰的透涼的雪碧，點綴一小株薄荷葉，炙熱的夏天真的很需要有點辣口刺激感的碳酸來解渴降溫，配上百香果的酸，喝完感覺身體瞬間都降了好幾度喲！

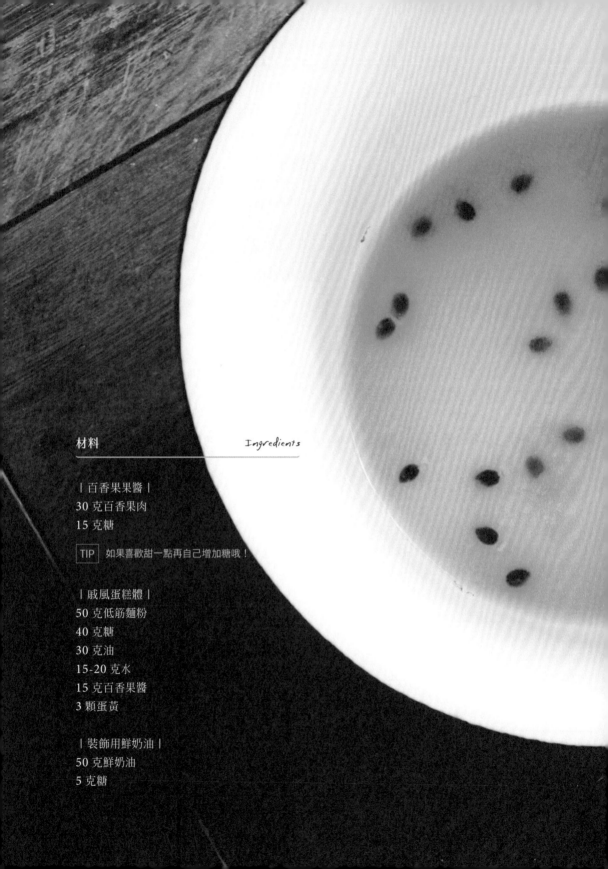

材料 *Ingredients*

| 百香果果醬 |
30 克百香果肉
15 克糖

TIP 如果喜歡甜一點再自己增加糖哦！

| 戚風蛋糕體 |
50 克低筋麵粉
40 克糖
30 克油
15-20 克水
15 克百香果醬
3 顆蛋黃

| 裝飾用鮮奶油 |
50 克鮮奶油
5 克糖

步驟　　　　　　　　　　　　*Step*

STEP 01

首先要來煮百香果果醬。將百香果肉和糖倒入小鍋裡，開中火煮滾，期間拿木勺或木頭湯匙不停攪拌，避免底部燒焦。沸騰後煮個3 到 5 分鐘，別太緊張，看到你自己想要的濃稠度就可關火。

STEP 02

把蛋白跟蛋黃分開，蛋黃加入果醬、水、油攪拌均勻到蛋黃顏色乳化，再分次篩入麵粉，拌到看不見顆粒狀。

> TIP　蛋黃糊因為果醬的關係變得濃濃稠稠沒關係，先放一旁吧！

STEP 03

接下來要打發蛋白。很多人說用冰蛋白，但我覺得只要雞蛋新鮮取得容易就可以了，不用刻意。分三次加入糖，打到蛋白硬挺，攪拌器拿起來蛋白尖尖不垂的狀態。

> TIP　打發蛋白的容器、工具全部都要保持乾燥沒有水，否則天荒地老蛋白也打不發哦！

STEP 04

拿 1/3 蛋白拌入蛋黃，讓稠稠的蛋黃糊微微軟化，質地比較相似後再倒回蛋白盆，用切拌的方式，從底部撈起再邊轉盆子，直到看不見蛋白。

STEP 05

拿高倒入模具後記得敲幾下震出空氣，送進預熱 160 度的烤箱烤 40 分鐘。出爐往桌面敲一下倒扣放涼，涼了之後才脫模。

STEP 06

這麼熱的天氣鐵定是要墊著冰塊打奶油，拿個深一點的盤，放些冰塊，讓打鮮奶油的盆放在中間，坐穩坐好。加入糖，打到鮮奶油滑順但不太流動。注意別打過頭，會很分離哦！

STEP 07

冷藏約 10 分鐘後裝進擠花袋，你可以選擇要裝上大口徑的花嘴。我比較偷懶，只剪開袋子前端。看一下蛋糕比例，擠上胖胖的圓形後用湯匙往下壓。

> TIP　用噴槍燒一下湯匙，壓出來紋路會比較滑順，如果沒有噴槍也可以直接用瓦斯爐燒燙湯匙。小心用火哦，過來人我也摸過很多燒得火熱的食器，很痛啊！

Sep.
古典秋日
Classical Autumn

柚子

柚香瑪德蓮｜經典
司康

柚香瑪德蓮

French classic madeleines

中秋前後的應景水果柚子很適合做成果醬，果皮的香氣十足，冰的熱的皆宜。不過老是喝柚子茶也是覺得膩，乾脆做一些瑪德蓮，咬得到柚子皮，吃得到柚子香氣，嘴裡盡是清香。

柚子果醬是用花蓮的無農藥文旦，以及同樣有生產履歷，無藥、無抗生素的蜂蜜一起熬煮，密封著的好味道。

｜瑪德蓮｜
100 克奶油
90 克低筋麵粉
70 克糖
20 克蜂蜜
10 克泡打粉
2 顆蛋

步驟   *Step*

STEP　01

奶油放入鍋中，開中小火煮到產生褐色後關火。融化後的奶油會開始冒泡泡，拿隻木匙輕輕撥開，一旁靜置。

> TIP　褐色的焦化奶油會有一股香氣，讓人聯想到榛果，法式甜點中又稱作榛果奶油。

STEP　02

另外拿一個料理盆，打散雞蛋，加入糖、蜂蜜攪拌。再過篩低筋麵粉和泡打粉，均勻成無粉粒狀後加入剛剛煮好的榛果奶油。

STEP　03

拌到質地均勻後倒入袋中，擠出其他空氣並綁好袋子，入冰箱冷藏一個晚上。

STEP　04

從冰箱取出麵糊退冰，同時幫烤盤刷上薄薄奶油防沾黏。

STEP　05

麵糊擠入約八分滿，中間放一些有果皮的果醬。烤箱預熱 210 度，烤約 10 到 12 分鐘。出爐立刻倒扣放涼，慢慢來，小心燙手啊！

英式午茶的最佳良伴

經典司康
Simple scones

某次從沖繩回來之後非常迷戀沖繩黑糖，不免俗的也帶了很多包回來。後來去東京也被黑糖樸實的包裝召喚，直到機場都搞不懂行李重量為什麼這麼重，真是苦了自己的肩膀。雖然台灣也買的到，但我想就是圖一個日本帶回來的吧！

之後的某天，用家用 30L 小烤箱烤了一些濃濃黑糖氣味的司康，外殼酥酥脆脆和裡面鬆軟的組織，加上滑順的微糖鮮奶油和藍莓果醬入口，又想起那自由而甜蜜的旅途滋味。

/

司康這個像瑪芬蛋糕但又有點像餅乾的玩意兒，其實簡單的沒話說！先與你分享原味口感，想要替換什麼，就隨你當下心情決定。

無論是中筋麵粉、低筋麵粉都好吃。也看過蠻多日本人用高筋麵粉製作司康，等我下次試試再跟你分享。

糖的部分用細砂糖、黑糖、三溫糖、棕櫚糖甚至煉乳也都沒問題，不用多想。

奶油能用液體油取代，但我更喜歡奶油的香氣搭配優格的溫潤感。

不愛優格（像我的編輯）也能換成牛奶或豆漿。

看你喜歡什麼，手邊有什麼，一起來動手做做看吧！是成功率很高的入門信心款。保存也很容易，放涼後用夾鏈袋封好，常溫蔭涼處可放 3 到 4 天。若一次做太多吃不完也可以冷凍，要吃的時候在冷凍狀態下噴點水再回烤就行了。

材料   *Ingredients*

| 司康 |
200 克低筋麵粉
80 克原味優格
50 克無鹽奶油
30 克砂糖
6 克泡打粉
1 顆雞蛋
些許鹽

還要多準備些麵粉和蛋液

步驟 *Step*

STEP 01

把低筋麵粉、泡打粉、糖和些許的鹽一起放入鋼盆中,粉類不過篩也可以,稍微劃圈拌均勻。接著加入事先切小塊冰涼的奶油,用刮刀以切拌的方式混拌。

STEP 02

奶油變得細細小小的時候,用手輕輕搓揉,捏碎那些較大塊的奶油顆粒。

STEP 03

加入打散的雞蛋和優格,先用刮刀切拌,再用手折疊整合麵團,注意千萬不要搓揉。

STEP 04

完成不沾手的麵團用保鮮膜包覆,進冰箱冷藏鬆弛約半小時,或是放在室溫下靜置也沒問題。

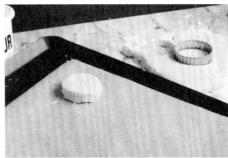

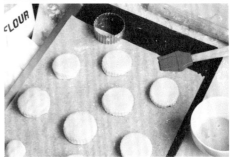

STEP　05

拿出鬆弛完的麵團，檯面灑一些手粉，用桿麵棍將麵團均勻桿開。

STEP　06

左右往內對摺，桿開；上下往內摺進去，再次桿開。藉由折疊這個步驟可以幫助烘烤時更容易膨脹。

> TIP　當然，跳過這個步驟也是沒問題的，但先試試看有桿開再對摺的口感嘛！

STEP　07

拿出模具往下壓出形狀，高度沒有一定，不要太扁和太高就好。剩下的麵團再依照前面的方式重複桿開對摺，再壓出形狀。

STEP　08

在表面平均刷上打散的蛋液，側邊不用刷但滴下來沒關係，進預熱好 200 度的烤箱烤 15 至 20 分鐘到上色，出爐熱熱的享用。

Oct.

樸實的台灣之光
Just eat Banana!

台灣蕉

香蕉巧克力磅蛋糕｜
香蕉提拉米蘇

每一口都豪邁滿足

香蕉巧克力磅蛋糕
Chocolate pound cake with banana

好友家有一大棵近兩樓高的芭蕉樹，黃澄澄的芭蕉熟透了，有時還會自己掉幾根下來，成為肥料，是相當經濟又實惠的好水果。

那天剛好男子也在，便請他爬高用菜刀砍了幾串（對，真的是菜刀），沒有芭蕉的澀味，反而是好香好誘人的氣味。我們帶了些回家，家人讚不絕口，決定等下一次又成串纍纍時，再去砍一些，在心裡想著這個味道與巧克力會是最完美的搭配。

只是芭蕉太好吃，根本來不及讓我把他變成甜點，只好再去水果攤買香蕉回來。順便提醒你買回來的香蕉要放到上面帶有黑黑的斑點，熟透了再做成甜點風味會更好，豪邁的放半根在巧克力口味的磅蛋糕上頭，切片的每一口都能吃到香蕉本人喔！

/

多的香蕉冷凍半小時，用 Nutella 巧克力醬、Isigny 鮮奶油，看喜好隔水加熱拌勻，比例抓不穩可試試 1：1，灑點彩色珠珠，感覺香蕉又更好吃了點！

材料 *Ingredients*

110 克無鹽奶油
100 克低筋麵粉
90 克糖
45 克原味優格
30 克可可粉
2.5 克無鋁泡打粉
2 顆雞蛋
1 根香蕉

步驟 *Step*

STEP 01

香蕉縱切，半根切成片狀。

STEP 02

將室溫狀態的奶油和糖用手持攪拌器打到羽毛狀，接著分三四次加入打散的雞蛋，每一次都要等雞蛋均勻混入麵糊再加下一次。

STEP 03

拌均勻後加入優格、切塊香蕉拌妥再篩入所有粉類。

STEP 04

烤模內抹些奶油，將蛋糕糊倒入，霸氣的放半根香蕉在上頭，160 度烤 40 分鐘。出爐後從烤模取出放涼。

香蕉提拉米蘇
Tiramisu

在佛羅倫斯吃到驚為天人的提拉米蘇。

雖然在米蘭唸書的男子老說：這根本在義大利到處都吃的到啊！但我整個人無法自拔地對那家佛羅倫斯大牛排店裡的甜點著迷，甚至還去光顧了第二次，點了牛排，但滿心期待那一杯——什麼擺盤裝飾都沒有，看起來極隨便無比的國民點心！這可以說是提拉米蘇上癮症了，回家也不忘要複製旅行途中的味覺記憶。

/

這個食譜剛好是三杯份量，搭配在 ikea 買到好可愛的迷你密封罐，這種尺寸的點心不但方便攜帶，還能矇騙自己吃得不多，多麼惹人喜愛。提拉米蘇不用烤箱，睡一覺起來就能香濃著吃囉！

材料 *Ingredients*

| 提拉米蘇 |

125 克馬斯卡朋起司

70 克鮮奶油

40 克熱水

25 克砂糖

6 克濃縮咖啡粉

6 克蘭姆酒或威士忌

3 條手指餅乾

1 個蛋黃

適量防潮可可粉

香蕉

TIP 蘭姆酒或威士忌可以不加，加一下偶爾大人味也不錯啊！

步驟 *Step*

STEP 01

蛋黃加入砂糖，以小火隔水加熱，用手持攪拌器打到蛋黃顏色變淺淺的鵝黃色。注意隔水加熱時要一直攪拌，避免蛋黃熟了或是邊緣凝固。

STEP 02

離火後加入馬斯卡朋起司和蘭姆酒，再用攪拌器攪拌到質地滑順融合，就可以放置一旁待用。

STEP 03

鮮奶油不加糖打發，攪拌器拿起末端尖尖或微微垂下都可以。倒入蛋黃起司糊裡，均勻攪拌。這時質地看起來非常誘人，不妨偷吃一口試試味道！

TIP　打過蛋黃的攪拌器要記得洗，擦乾。

STEP 04

手指餅乾掰斷，輕輕吸取一些咖啡液。我都是 360 度旋轉過咖啡液，換另一個方向再沾一次。不要沾太濕，免得吃起來過濕很可怕。

STEP 05

手指餅乾鋪底之後，切片香蕉圍圈，貼在玻璃罐內側排好。緊貼內側是怕填入馬斯卡朋餡時香蕉被吞沒，那就看不見他可愛的樣子了。

STEP 06

送進冰箱冷藏，至少 4 到 6 個小時，要吃的時候再灑上可可粉。我知道你一定也在忍，居然還要送進冰箱冷藏。那快快灑一些可可粉，偷吃一點吧！

TIP　有防潮可可粉最好。如果只有一般可可粉，一定要吃之前再灑，冰過的可可粉會濕掉，看起來爛爛的賣相不佳。

Nov.
跳脫日常想法
Make Chestnut Different

栗子

太妃焦糖栗子君 |
美式糖霜栗子捲

太妃焦糖栗子君

Toffee butterscotch madeleines with chestnut

有點涼的月份裡，給男子招待去了一趟東京。另一位好友 J 和家人當時正在山梨縣望著富士山泡溫泉，出發前盼著在東京碰個面，順道再去另一位朋友——毛的咖啡店拜訪，想了好久終於有機會了。是個好美好棒有自然冷色調的空間，大嗓門的兩個女生一直被提醒要小聲、要輕聲、不要嚇到日本人。當然，一直到離開店面，我們都盡力維持著優雅形象。幸好毛帶我們去晚餐的地點很適合大聲說話，舒暢。

毛的咖啡店坐落於安靜的住宅區裡，有毛親手綁的花、路上撿的花、曬乾的花，有礦石、郵票、陶器、瓷器和自選物，是種專屬於她的笑咪咪的空氣美感。穿過隅田川高架橋透進來的微微亮光，偶爾還會有貓咪走過的影子，吧台是老陳煮咖啡，毛在另一旁弄甜點和鄰座熟客講著我聽不懂的日文，畫面真是好。在日常生活中能有一間讓熟客信任的小店，我想那盡是滿滿的成就感。

那趟旅行中，某一天在淺草道具街發現可愛的栗子模，怎麼能錯過，是小丸子裡的永澤啊！人都還沒回家，當下就想好了，回去要做塞一顆好大栗子的馬德蓮。馬德蓮的麵糊需要先做起來放，出爐熱熱吃最香了。

材料 ———— Ingredients

│太妃焦糖│
120 克鮮奶油
100 克砂糖

│栗子馬德蓮│
100 克奶油
90 克低筋麵粉
60 克砂糖
20 克蜂蜜
5 克無鋁泡打粉
2 顆蛋
1 包栗子
適量杏仁角

步驟   *Step*

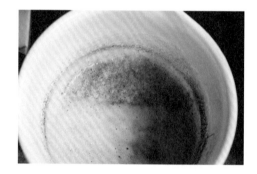

STEP 01

先來煮焦糖,將砂糖放入鍋中煮至焦化,隨即倒入鮮奶油,攪拌均勻即可放涼備用。

> TIP   鮮奶油加入時會冒煙沸騰,小心蒸氣燙手,使用木鏟子或木湯匙才不會被燙到喔!

STEP 02

奶油放進鍋中,開小火加熱,融化後的奶油會開始冒泡泡,拿隻木匙輕輕撥開泡泡看一下,奶油要是開始變成褐色就可以關火。鍋子餘溫會讓一開始的褐色更深一些,這就是俗稱的榛果奶油。

> TIP   鍋底和邊緣有一些沉澱物,待會兒一起加進麵糊裡會使蛋糕體吃起來更有奶油的焦香氣味。

STEP 03

來準備麵糊吧！將砂糖、蜂蜜和雞蛋一起打勻，再把泡打粉、麵粉混和過篩，輕盈地攪拌在一起。最後加入剛剛準備好的榛果奶油和焦糖醬。麵糊倒進塑膠袋或擠花袋中，放置冰箱冷藏，熟成一個晚上。

> TIP　袋子中多餘的空氣要擠掉。

STEP 04

趁麵糊從冰箱拿出稍稍退冰的同時，先預熱烤箱到 210 度，幫模具刷一些奶油。如果你的烤模不是不沾材質，刷完奶油之後拍些麵粉上去，再將模具整個倒扣，拍掉多餘的粉。

STEP 05

在烤模裡放點杏仁角，擠上一些麵糊，中心放一顆即食栗子，再用麵糊覆蓋至七八分滿。

STEP 06

烤箱溫度到了，放進去烤約 10 至 12 分鐘。出爐立刻倒扣出來放涼。

> TIP　剛出爐的蛋糕體很軟很燙手，等一下下後就會變得很酥脆，要小心翼翼放好，以免網架痕跡落在上面。

肉桂捲的完美進化

美式糖霜栗子捲

Chestnut roll

很喜歡吃栗子，也很愛吃麵包。微涼舒爽的一天，總覺得要咬上一口外皮脆香、麵包體熱呼鬆軟，裡頭還有切碎的奶油砂糖栗子，搭配黑咖啡，在家也可以是自己的海鷗食堂。

充滿飽足感的栗子捲，在容易飢餓的秋日午後，絕對不是小確幸，而是大大的幸福滿足。

/

栗子捲麵包是肉桂捲的變化版，老是喜歡扒著身旁友人的肉桂捲麵皮吃，又小心翼翼怕吃到肉桂。對，我是不喜肉桂之人，但肉桂捲的模樣討喜又暖心，所以乾脆換做栗子的看看吧！

材料 *Ingredients*

| 麵包捲 |
330 克高筋麵粉
200 克水
25 克奶油
20 克糖
6 克鹽
4 克速發酵母
1 顆蛋

| 餡料 |
奶油
糖
栗子

TIP 想做經典肉桂捲就自己加些肉桂粉吧！

| 糖霜 |
20 克蛋白
75 克糖粉
少許檸檬汁

步驟 *Step*

STEP 01

在桌上將麵粉、糖、鹽、酵母拌勻，在中心弄出一個小洞打入雞蛋，揉一揉再加入適量的水，不要一次全倒下去，要慢慢加。揉到無粉粒狀後，一塊塊加入奶油再慢慢混和均勻到不黏手。

STEP 02

接下來是勞力的事了， 抓著麵團邊邊甩向桌面，對摺麵體，再繼續甩，甩到手痠也絕對還沒好，換手進行，一直持續到把麵團輕輕拉開不會立刻斷開，而是有一層薄薄的膜，恭喜你，可以喝水喘口氣了。

STEP 03

把麵團收口向下，放在容器裡，蓋上濕布等待發酵長大長胖。

TIP 通常我會倒杯熱水，跟麵團盆一起放在微波爐裡或密閉箱子，這是沒有發酵箱的作法。如果你有發酵箱那就更簡單啦，不用一直換熱水。

STEP 04

第一次發酵約一小時,麵團應該漲得圓圓滾滾,手指沾點麵粉往麵團中心戳下去,若洞口沒有回縮表示一次發酵完成,可以拿出來桿平放料。

STEP 05

桿平麵團後抹上適量融化奶油,灑上砂糖或二砂,一樣適量就好,最後放切碎的栗子。

> TIP 我用的是超商賣的剝殼栗子切碎,如果你有栗子泥也可以抹一點上去增加風味。

STEP 06

捲起來再切成一塊塊自己喜歡的大小,擺進烤模等二次發酵。和一次發酵作法相同,再度和熱水一起放進微波爐或發酵箱裡等約一小時,變得更胖更擠了。

STEP 07

送進預熱好 180 度的烤箱烤約 18 到 20 分鐘,出爐等涼再淋上糖霜。

STEP 08

糖霜簡單弄弄,將蛋白、糖粉、少許檸檬汁攪打拌勻即可。怕糖霜太甜可換用楓糖漿加水抹上也行。

Dec.
在節慶日子歡聚
Merry X'mas!

聖誕點心

聖誕鬆餅樹｜聖誕薑
餅人｜香料熱紅酒

聖誕鬆餅樹
Matcha pancakes

時序到了年末，想起小時候的聖誕前夕總會在客廳組裝好大一棵聖誕樹，掛上繽紛吊飾，再繞上節日顏色閃亮的燈泡。後來長大忙念書考試，爸媽也忙於工作，就沒有再進行這項活動。直到現在才領略，能相聚在一起就是節日的意義。

/

做點什麼，讓大家一起分食吧？不加泡打粉的鬆餅，有著養樂多淡淡乳酸味，蛋白打發後讓口感蓬蓬鬆鬆，加入抹茶粉增色，灑一些糖粉，好像下雪的日子。今年聖誕來幫自己做一棵下著雪的聖誕樹。

材料　　　　　　　　　　　　　　　Ingredients

100 克養樂多
100 克低筋麵粉
15 克糖
10 克抹茶粉
2 顆雞蛋

步驟 *Step*

STEP 01

分開蛋黃和蛋白，蛋白放一旁待用。將養樂多和蛋黃攪拌均勻後篩入麵粉和抹茶粉，混和均勻到無顆粒狀。

STEP 02

蛋白用手持攪拌器打發，微微起泡後加入砂糖，打到硬性發泡，攪拌器拿起不滴落。

STEP 03

拿 1/3 蛋白到養樂多蛋黃糊，輕柔切拌讓蛋黃糊質地接近蛋白，再把剩下蛋白一起加入攪拌均勻。

STEP 04

熱一只平底煎鍋，抹薄薄奶油，舀一匙麵糊到表面出現泡泡後翻面。各種圓形大小都煎一些，組裝堆疊就完成啦！

聖誕薑餅人
Gingerbread cookies

薑餅不太是台灣人愛吃的餅乾類，但過程簡單，拌好的糖霜分成幾包，在耶誕前夕和好友家人一人拿一包，湊在一塊塗塗畫畫，也是很溫暖很開心。

又有一說是單身女子在耶誕假期中吃一個薑餅人，便會找到心上人。姑且不論會不會成真，至少薑有驅寒的效果嘛！

材料　　　　　　　　　　　*Ingredients*

| 薑餅 |

450 克中筋麵粉

160 克無鹽奶油

110 克蜂蜜

70 克糖

15 克肉桂粉

1 根薑

1 顆蛋

一小撮鹽

> TIP　喜歡薑味多點，就買大根一點的薑。

| 糖霜 |

150 克砂糖

1 顆新鮮蛋白

一些些檸檬汁

> TIP　蛋有大有小，40 克上下都可以。檸檬汁則是
> 殺菌用。

步驟　　　　　　　　　　　*Step*

STEP　01

把老薑整隻磨成泥，可以選擇用細篩或茶葉
濾袋把薑汁擠出先放一旁。

STEP　02

用攪拌器把軟化的室溫奶油和糖混和後，加
入蛋、鹽、蜂蜜和薑汁，拌到質地均勻。再
加入中筋麵粉和肉桂粉。慢慢形成麵團後，
用保鮮膜封好放進冰箱，冷藏 1 到 2 小時。

> TIP　無鹽奶油放室溫下用手指輕壓可以按下去就
> 好，不要太融化。

STEP 03

拿出來後桿平，用你喜歡的模具壓出造型。可愛的薑餅人是一定要的，其他隨意囉！

STEP 04

小心放上烤盤，送進預熱 180 度的烤箱烤 10 分鐘到上色，出爐放涼。這時候來準備畫畫用的糖霜。

STEP 05

將蛋白用手持攪拌器打出一點泡沫，加入檸檬汁，分三四次加入糖粉，拌勻了才加下一次，直到攪拌器拿起蛋白不會像水一樣往下滴。

STEP 06

裝進擠花袋，剪一個非常非常小的開口，就可以開始畫啦！

香料熱紅酒

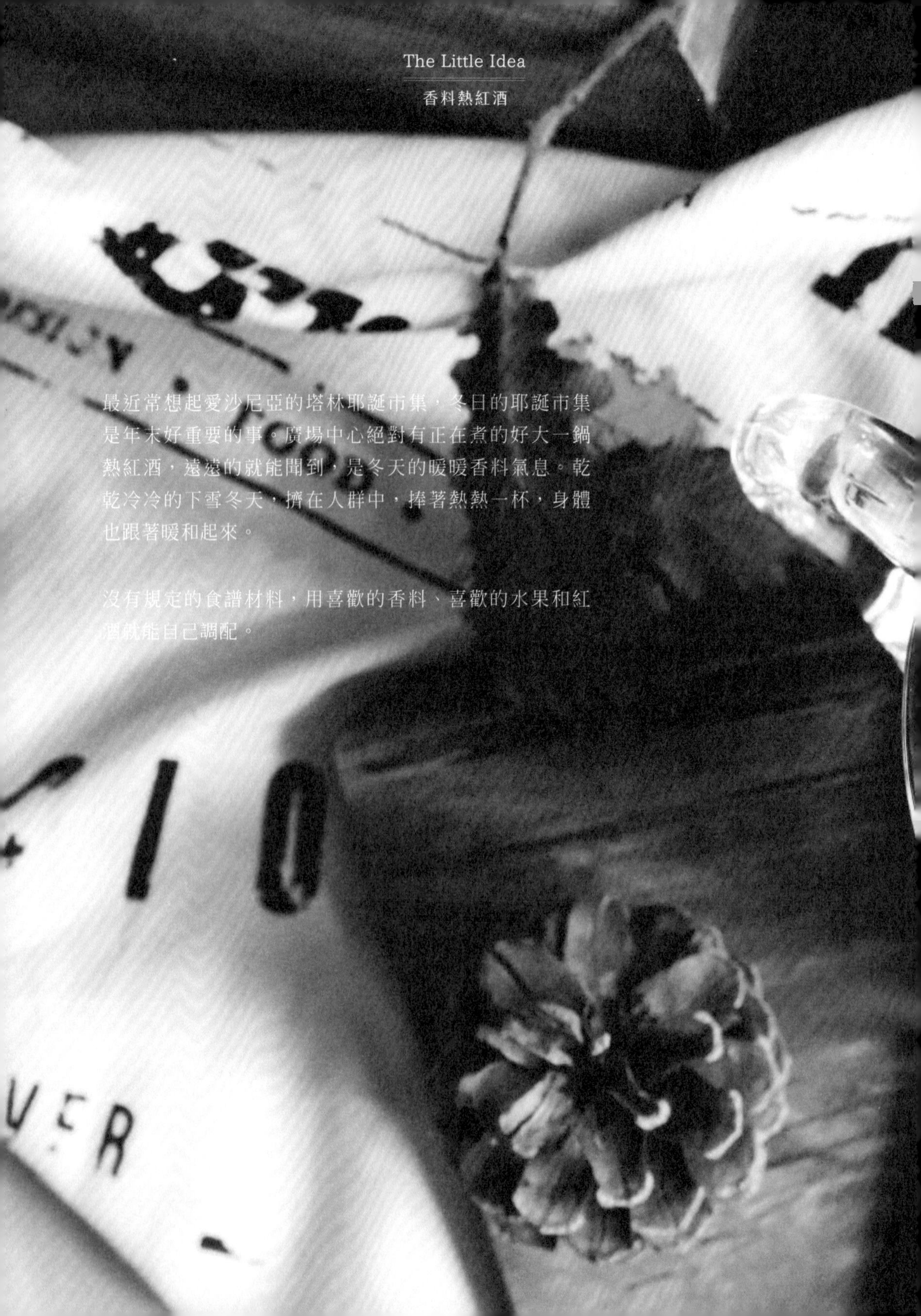

最近常想起愛沙尼亞的塔林耶誕市集，冬日的耶誕市集是年末好重要的事。廣場中心絕對有正在煮的好大一鍋熱紅酒，遠遠的就能聞到，是冬天的暖暖香料氣息。乾乾冷冷的下雪冬天，擠在人群中，捧著熱熱一杯，身體也跟著暖和起來。

沒有規定的食譜材料，用喜歡的香料、喜歡的水果和紅酒就能自己調配。

材料	*Ingredients*	步驟	*Step*

紅酒
蘋果汁或柳橙汁
香料
水果
砂糖

紅酒和蘋果汁一起倒入鍋中,加入香料、砂糖,中小火煮到沸騰,轉小火熬煮15到20分鐘,就能熱熱飲用。

TIP　果汁瓶裝或罐裝都好,取得容易就可以。

New Year
迎接新的一年

Wish you all the best

歲末年初的思念味道

糖煮蘋果伯爵茶磅
蛋糕／鑄鐵鍋鬆餅

糖煮蘋果伯爵茶磅蛋糕

Apple pound cake

前幾年年末，要出遠門去找男子玩耍的前夕，男子媽媽拿了一條蛋糕給我，囑咐著要我們在聖誕節那天一起打開來吃，到時會變得很美味。當時心裡納悶得很，什麼蛋糕要放那麼多天才會好吃？不是新鮮最好嗎？到了自己會做這些甜甜東西之後，才知道原來那是要經過時間洗禮的磅蛋糕啊！

以奶油、糖、蛋和麵粉都各一磅而得名的磅蛋糕，所含的奶油量也都比其他甜食來的多，也叫重奶油蛋糕。放置隔日會回油而濕潤，是可以常溫保存的蛋糕。

趁著年末的假期出遊，到聖誕節那天，想起了那條被囑咐的蛋糕，但人已經在布達佩斯了，最後是在俄國的聖誕節（1月7日）和室友一起分著吃掉的。歐洲天氣舒爽乾冷，磅蛋糕通常可以保存較久，也適合在冬天補充熱量；台灣天氣就不一樣了，建議還是兩三天就把它吃完喔！

自己做磅蛋糕，復刻的還是記憶中的味道。糖煮過的蘋果微酸帶甜，加上伯爵紅茶的濃郁佛手柑茶香，室溫放一天後蛋糕體溫潤香滑，絕對值得一試。烤完蛋糕的下雨晚上，我把剩下一點點的蛋糕用保鮮膜包著帶回家，隔天早起坐在三樓陽台，面向小公園，看著走路運動的叔叔阿姨，想著昨天雨很大、人又累，沒有和朋友去操場走路，兩三口把蛋糕吃光，嗯，今天該去運動一下！

材料 *Ingredients*

| 糖煮蘋果 |
半顆蘋果
適量奶油
適量糖

| 磅蛋糕 |
100 克砂糖
100 克室溫奶油
100 克低筋麵粉
20 克牛奶
1 顆蛋
1 包伯爵茶包

> TIP　這次沒有放泡打粉，如果你覺得放了比較安心、成功率較高，那就放一點，大概 2-2.5 克。

步驟 *Step*

STEP　01

製作磅蛋糕的奶油要室溫，用手可以輕輕按壓下去的程度。從冰箱拿出來退冰的時候先來處理煮蘋果。

STEP　02

取一個鍋，放入適量奶油和糖，微微滾之後加入去籽切塊的半顆蘋果，煮到蘋果半軟就關火靜置。

STEP 03

回軟的奶油分幾次加糖,用手持攪拌器打到
呈羽毛狀。雞蛋打散後分三、四次加入,每
次都要確認混和均勻才加下一次。

STEP 04

篩入低筋麵粉,用刮刀溫柔的混拌,過分用
力的話蛋糕體會變乾乾硬硬喔!

STEP 05

加入牛奶和茶包裡的細碎伯爵茶葉,攪拌均
勻,麵糊應該會是光滑油亮,看不見粉粒的
狀態。

STEP 06

模具刷上薄薄一層奶油,將麵糊均勻倒入,
上面擺上糖煮過的蘋果,烤箱170度烤約50
至 55 分鐘,出爐後拿出放涼。

鑄鐵鍋鬆餅

Dutch baby pancake

鑄鐵鍋荷蘭鬆餅，這玩意大概是鬆餅界最省時省力省油煙省洗碗的吧！不用像一般鬆餅一塊塊抹油煎，再移到盤子上，只需要一個鑄鐵鍋，一鍋到底就可以上桌享用。

沒時間或是想偷懶放鬆的假日，吃這個完全隨性又美好，冷冷的冬日早晨再煮一杯有熱熱牛奶的拿鐵，整個廚房盡是香氣。

想吃鹹食也可以選擇放洋蔥鮪魚、培根起司或任何你喜歡的配料。非常容易、好吃、成就感高，根本是鬆餅界親善大使。

我的鍋是在家附近的選物店買的，台灣製造，用起來很放心。

材料 *Ingredients*

| 荷蘭鬆餅 |
120 克牛奶
60 克低筋麵粉
35 克奶油
15 克糖
2 顆雞蛋
一小撮鹽
一只鑄鐵鍋

TIP 找不到低筋麵粉時，中筋也行，畢竟這食物很隨性。但拜託別用高筋哦！

步驟 *Step*

STEP 01

烤箱預熱 200 度，奶油放鍋中進烤箱，先別理他，來準備鬆餅麵糊。

STEP 02

雞蛋打散後加入糖，打到出現一些小泡泡後倒牛奶、鹽和過篩麵粉，攪拌均勻無粉粒狀。

STEP 03

從烤箱拿出剛剛融化奶油的鑄鐵鍋，務必要拿厚的隔熱手套或任何讓你不要燙傷的輔助品，200 度燒燙的鐵把手不是在開玩笑的。

STEP 04

倒入麵糊後搖晃一下，再用同樣的溫度烤約 20 分鐘，邊緣隆起呈焦黃色就可出爐。

STEP 05

擺上令人幸福的莓果、灑上糖粉、楓糖漿或蜂蜜。

記得六月某一天，站在村尾工作台前。擺著等下要拍照的材料時，我突然哭了。

不是很擅長說話，所以很常在自己的舒適圈用哭來表達所有的感覺，感動的、開心的、好笑的，或是難過生氣害怕的。身旁親近的人常常要接招我突如其來的大量眼淚和瞬間的停止哭泣，你們的功力也蠻深厚的。

現在回想在那時空下的淚腺爆發，感動和抱歉是共同存在。謝謝無私的她把一切借給我，只是為了一個平凡的女孩要生出一本書，甚至不接生意，也犧牲陪伴家人的時間。她很常說我可以把她全部拿去用，要多大的力量才能說出這樣的話，多難得有妳。

還有下班休假時間靜靜陪著我寫字、修圖、做甜點，再幫忙吃掉成品的男子，以及偶爾當我的攝影師，幫忙洗一大堆盆和器具的妹妹。雖然這傢伙很常在忙的時候跟我點餐，想吃巧克力和半熟蜂蜜蛋糕。

對於一個非甜點專業人士，甚至只會用手機軟體修修圖，要分享一些自己做的東西，還要兼攝影師，內心有點害羞。聽起來有點隨興，但我想或許很多人都是跟我一樣的吧！

年初編輯找到我，到年末真的要完成了，時間過的真快，三十歲就在幾個月後，真好，多喜歡這個時段的年紀。季節中出門玩了幾趟，又很常偷懶，再被編輯提醒，拉回現實乖乖做甜點然後拍照，不停循環，居然也要一年了。感謝小米的耐心鼓勵和督促，讓我擁有一本實體的紀錄。

食譜大多都是網路上、書上看來，試做後可能很好吃，可能讓人很驚嚇，驚嚇的那些就再跟朋友討論，慢慢調整到自己喜歡的樣子，一邊改變也一邊學習，更美好的是把反覆的嘗試，轉化成平凡日子裡的一份心意。

Index
甜點索引

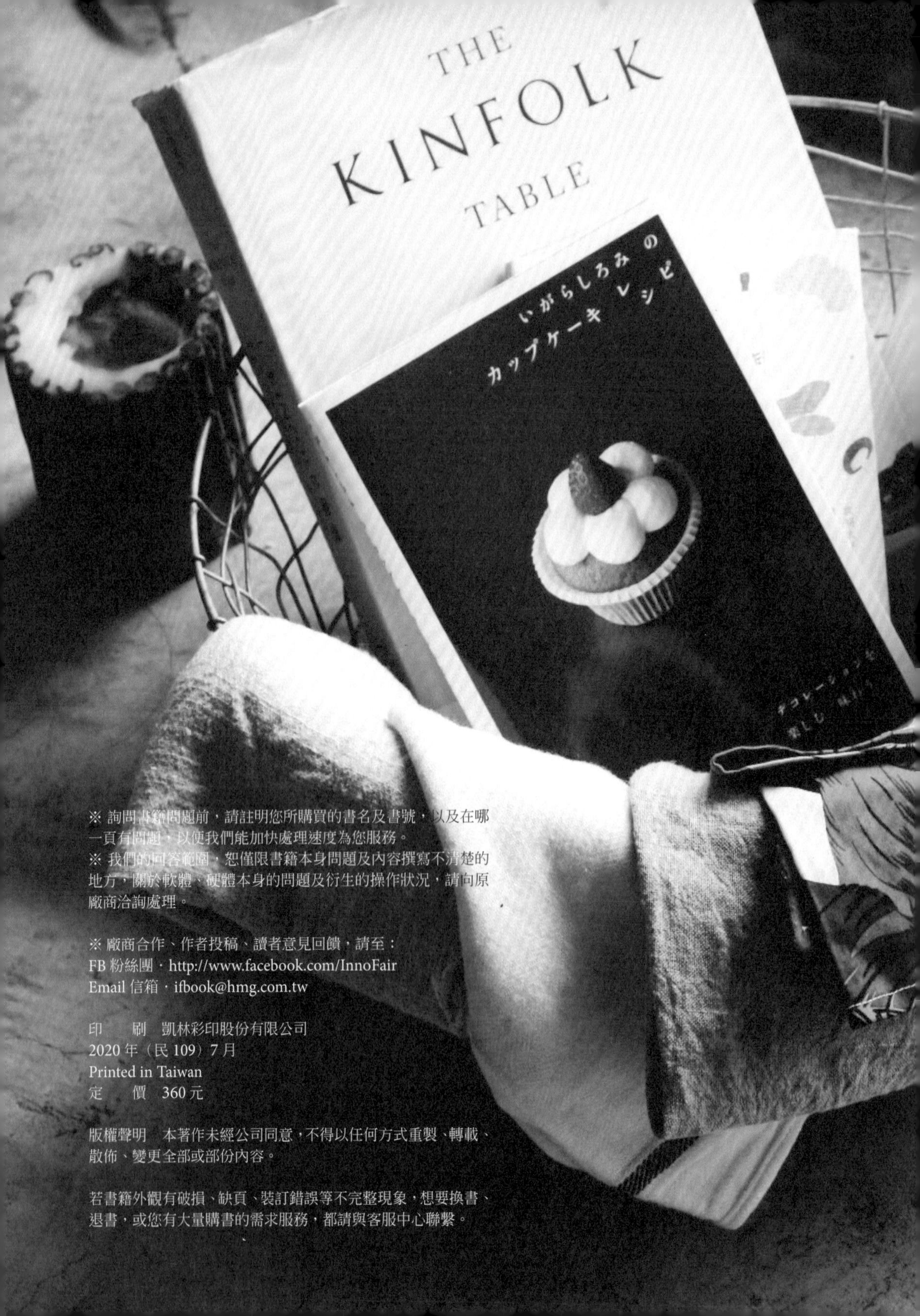

※ 詢問書籍問題前，請註明您所購買的書名及書號，以及在哪一頁有問題，以便我們能加快處理速度為您服務。
※ 我們的回答範圍，恕僅限書籍本身問題及內容撰寫不清楚的地方，關於軟體、硬體本身的問題及衍生的操作狀況，請向原廠商洽詢處理。

※ 廠商合作、作者投稿、讀者意見回饋，請至：
FB 粉絲團・http://www.facebook.com/InnoFair
Email 信箱・ifbook@hmg.com.tw

印　　刷　凱林彩印股份有限公司
2020 年（民 109）7 月
Printed in Taiwan
定　　價　360 元

若書籍外觀有破損、缺頁、裝訂錯誤等不完整現象，想要換書、退書，或您有大量購書的需求服務，都請與客服中心聯繫。

2AB850X

甜點 慢時光

把日子加點糖，美好塔派、蛋糕、司康、
輕點心與微酒精飲品 暢銷修訂版

書衣用紙｜160g 聯美萊卡奇艷象牙紋
封面用紙｜8oz 灰紙板
內頁用紙｜80g 雪嵩微塗

作者｜Emily
攝影｜Emily
場地協力｜Swell Inn、村尾麵包
責任編輯｜陳嬿守、李素卿
主編｜温淑閔
美術編輯｜走路花工作室
封面設計｜走路花工作室

行銷企劃｜辛政遠、楊惠潔
總編輯｜姚蜀芸
副社長｜黃錫鉉

總經理｜吳濱伶
發行人｜何飛鵬
出版｜創意市集

發行｜城邦文化事業股份有限公司
歡迎光臨城邦讀書花園 www.cite.com.tw
香港發行所｜城邦（香港）出版集團有限公司
　　　　　香港灣仔駱克道 193 號東超商業中心 1 樓
　　　　　電話：(852) 25086231 傳真：(852) 25789337
　　　　　E-mail：hkcite@biznetvigator.com

馬新發行所｜城邦（馬新）出版集團【Cite(M)Sdn Bhd】
　　　　　41,jalan Radin Anum,
　　　　　Bandar Baru Sri Petaling,
　　　　　57000 Kuala Lumpur,Malaysia.
　　　　　Tel：(603) 90578822　Fax：(603) 90576622
　　　　　E-mail:cite@cite.com.my

客戶服務中心
地址：10483 台北市中山區民生東路二段 141 號 B1
服務電話：（02）2500-7718、（02）2500-7719
服務時間：周一至周五 9：30 ～ 18：00
24 小時傳真專線：（02）2500-1990 ～ 3
E-mail：service@readingclub.com.tw

國家圖書館出版品預行編目資料

甜點慢時光：把日子加點糖，美好塔派、
蛋糕、司康、輕點心與微酒精飲品 暢銷
修訂版 /Emily. -- 初版 . -- 臺北市：創意市
集出版：城邦文化發行, 民 109.7
　面；　公分
ISBN 978-986-93771-9-5(平裝)

1. 點心食譜

427.16　　　　　　　　105022047